Física Para Institutos Federais, Universidades e Concursos: Questões de Concursos, Vol. 3

Temperatura
Dilatação Térmica
Calor
Leis da Termodinâmica

Antônio Nunes de Oliveira
Marcos Cirineu Aguiar Siqueira
José Jefferson da Silva Nascimento
José Wally Mendonça Menezes (Orgs.)

Física Para Institutos Federais, Universidades e Concursos: Questões de Concursos, Vol. 3

Temperatura
Dilatação Térmica
Calor
Leis da Termodinâmica

Editora Livraria da Física
São Paulo — 2023

Copyright © 2023 Editora Livraria da Física

1a. Edição

Editor: JOSÉ ROBERTO MARINHO
Projeto gráfico e diagramação: THIAGO AUGUSTO SILVA DOURADO
Capa: FABRÍCIO RIBEIRO

Texto em conformidade com as novas regras ortográficas do Acordo da Língua Portuguesa.

Dados Internacionais de Catalogação na Publicação (CIP)
(Câmara Brasileira do Livro, SP, Brasil)

Física para institutos federais, universidades e concursos : questões de concursos, vol. 3: temperatura dilatação térmica, calor, leis da termodinâmica / organização Antônio Nunes de Oliveira...[et al.]. – 1. ed. – São Paulo : Livraria da Física, 2023. – (Física para institutos federais, universidades e concursos : só questões)

Vários autores.

Outros organizadores: Marcos Cirineu Aguiar Siqueira, José Jefferson da Silva Nascimento, José Wally Mendonça Menezes.

Bibliografia.
ISBN 978-65-5563-361-0

1. Concursos públicos - Exames, questões etc. 2. Concursos públicos - Guias de estudo 3. Física - Estudo e ensino I. Oliveira, Antônio Nunes de. II. Siqueira, Marcos Cirineu Aguiar. III. Nascimento, José Jefferson da Silva. IV. Menezes, José Wally Mendonça. V. Série

23-167885   CDD-530.7

Índices para catálogo sistemático:

1. Física : Estudo e ensino   530.7

Eliane de Freitas Leite - Bibliotecária - CRB 8/8415

Todos os direitos reservados. Nenhuma parte desta obra poderá ser reproduzida sejam quais forem os meios empregados sem a permissão da Editora. Aos infratores aplicam-se as sanções previstas nos artigos 102, 104, 106 e 107 da Lei n. 9.610, de 19 de fevereiro de 1998.

Impresso no Brasil
Printed in Brazil

www.lfeditorial.com.br
Visite nossa livraria no Instituto de Física da USP
www.livrariadafisica.com.br
Telefones:
(11) 39363413 - Editora
(11) 38158688 - Livraria

Os Autores

Antônio Nunes de Oliveira
Docente no Instituto Federal de Educação, Ciência e Tecnologia do Ceará, Campus Cedro
Doutorado em Engenharia de Processos pela Universidade Federal de Campina Grande (UFCG)
Doutorado em Ensino pelo Programa de Pós-Graduação em Ensino da Rede Nordeste de Ensino (RENOEN-IFCE)

Marcos Cirineu Aguiar Siqueira
Docente no Instituto Federal de Educação, Ciência e Tecnologia do Ceará, Campus Maracanaú
Especialista em Pesquisa Científica pela Universidade Estadual do Ceará (UECE)

José Jefferson da Silva Nascimento
Doutor em Engenharia Mecânica pela Universidade Federal da Paraíba (UFPB)
Professor Titular na Universidade Federal de Campina Grande (UFCG)
Docente do Programa de Pós-Graduação em Engenharia de Processos, da Universidade Federal de Campina Grande (UFCG)

José Wally Mendonça Menezes
Doutor em Física pela Universidade Federal do Ceará
Docente no Instituto Federal de Educação, Ciência e Tecnologia do Ceará, Campus Fortaleza
Professor do Doutorado em Ensino, da Rede Nordeste de Ensino (RENOEN)
Professor do Departamento de Telemática e do Programa de Pós-Graduação em Engenharia de Telecomunicações (PPGET)

Douglas Pereira Gomes da Silva
Mestre em Ensino de Ciências e Matemática pela Universidade Federal do Ceará (UFC)
Criador do canal Física com Douglas (+ de 300 mil inscritos)

Lucas Roberto do Nascimento
Mestre em Ensino de Física pela Instituto Federal do Ceará (MNPEF/IFCE)
Docente da Secretaria de Educação do Estado do Ceará

Josias Valentim Santana
Docente no Instituto Federal de Educação, Ciência e Tecnologia do Ceará, Campus Pecém
Doutor em Física pela Universidade Federal do Rio Grande do Norte (UFRN)

Filipe Henrique de Castro Menezes
Doutorado em Física pela Universidade Federal de Minas Gerais
Criador do canal UAI Física (+ de 20 mil inscritos)

FIGURAS
Raimundo Rodrigues da Silva Filho

REVISÃO ORTOGRÁFICA E GRAMATICAL
Lia Martins

A Coleção

VOLUME 1
Capítulo 1 — Medidas, Análise Dimensional, Vetores e Cinemática
Capítulo 2 — Leis de Newton e Aplicações
Capítulo 3 — Trabalho, Energia e Conservação da Energia
Capítulo 4 — Gravitação Universal

VOLUME 2
Capítulo 5 — Rotações
Capítulo 6 — Mecânica dos Fluidos
Capítulo 7 — Oscilações
Capítulo 8 — Ondas Mecânicas

VOLUME 3
Capítulo 9 — Temperatura
Capítulo 10 — Dilatação Térmica
Capítulo 11 — Calor
Capítulo 12 — Leis da Termodinâmica

VOLUME 4
Capítulo 13 — Eletrostática
Capítulo 14 — Circuitos Elétricos
Capítulo 15 — Magnetismo
Capítulo 16 — Ótica

VOLUME 5
Capítulo 17 — Relatividade Restrita

Capítulo 18 — Radiação Térmica
Capítulo 19 — Efeito Fotoelétrico e Efeito Compton
Capítulo 20 — Modelos Atômicos e dualidade onda-partícula

VOLUME 6
Capítulo 21 — Mecânica Lagrangiana
Capítulo 22 — Mecânica Hamiltoniana
Capítulo 23 — Física Estatística
Capítulo 24 — Mecânica Quântica

Agradecimentos

Agradeço a todos os profissionais envolvidos na produção deste livro, desde os demais autores, editores, até os designers e revisores, que dedicaram seu tempo e esforço para que esta obra pudesse ser concretizada. Sem a colaboração de todos vocês, nada disso seria possível.

Antônio Nunes de Oliveira

AGRADECIMENTOS

Prefácio

Não é tão simples encontrar um material didático para concursos de Física com a temática de Termologia. Muito do que pode ser encontrado nos materiais existentes são do próprio conteúdo de forma mais robusta e diversa da característica pontual do que se requer em concursos públicos. E a coleção **Física para Institutos Federais, Universidades e Concursos** consegue trazer de forma concisa e didática conceitos e exercícios em uma miscelânea de questões de concursos próprias para provocar no leitor-estudante um anseio por resolvê-las, proporcionando uma apreensão do conteúdo estudado.

Especificamente, esse terceiro volume apresenta um vasto conjunto que trata de conceitos de Temperatura, Dilatação Térmica, Calor e Leis Termodinâmicas, com questões resolvidas de forma ilustrativa, exercícios propostos e, em alguns casos, apoio audiovisual, com solução de questões em vídeo. Vale ressaltar que, como o próprio autor desta bela obra esclarece, uma das formas mais eficazes de adquirir conhecimento e fixar os conteúdos é resolvendo questões. Desse modo, esse material cumpre muito bem com a sua finalidade de apresentar uma gama de questões para que o estudante possa praticar e, assim, fixar o conteúdo estudado.

Todas essas estratégias metodológicas em um material didático tão rico trazem uma perfeita simbiose entre o que o estudante procura e o que ele encontra neste volume. É um material que vale a pena ter na biblioteca e, principalmente, como guia de estudos para concursos, além de complementação na formação em qualquer área do conhecimento que requeira o estudo de Física: Termologia e Calor. Físicos, Engenheiros e

Matemáticos podem, decerto, utilizar essa bibliografia como fonte de consulta e estudos para aperfeiçoar o seu conhecimento.

Antony Gleydson Lima Bastos
Instituto Federal de Educação Ciência e Tecnologia do Ceará

Apresentação

A melhor forma de fixar conteúdos, testar habilidades e expertise diante de situações-problema e avaliar sua aprendizagem é resolvendo questões. Por esse motivo, todo bom livro traz uma ou mais listas de exercícios para que o estudante possa praticar e se autoavaliar. Nos livros planejados para a coleção **Física para Institutos Federais, Universidades e Concursos: questões de concursos**, há uma coletânea de problemas de Física que foram aplicados em concursos anteriores dos Institutos Federais, Universidades e similares.

O conteúdo desta obra, com algumas complementações, faz parte do material que tem sido cedido pelos autores e utilizado nos cursos ministrados pelo professor Douglas Gomes, que o vem empregando com êxito na preparação para concursos. Na primeira e segunda turmas, 15% e 20% de seus alunos, respectivamente, foram aprovados na prova escrita. Pessoas que, com o material e acompanhamento adequados, conseguiram alcançar a tão sonhada aprovação em concursos públicos.

Dito isto, espera-se que este livro possa guiá-lo em sua trajetória de aprovação e conquista de um emprego público.

Prof. Antônio Nunes de Oliveira

Suas sugestões para o aprimoramento desta obra serão muito bem-vindas e podem ser enviadas para o e-mail `prof.nunesviera@gmail.com`.

Visite nosso canal no YouTube: "Física para Universidades e Concursos" — `https://is.gd/FisicaParaUniECon`. Lá você encontrará soluções de questões do ENADE, concursos públicos, exames de pós-graduação, entrevistas com físicos nacionais e atividades de divulgação científica.

APRESENTAÇÃO

Grupo Exclusivo

https://chat.whatsapp.com/BWSc1cf0PXP7gmD7cBlW77

Abreviaturas e Siglas

C.P.II-RJ	Colégio Pedro II-Rio de Janeiro
UFC	Universidade Federal do Ceará
CEFET-BA	Centro Federal Tecnológico da Bahia
CEFET-RN	Centro Federal Tecnológico do Rio Grande do Norte
CEPERJ	Centro Estadual de Estatísticas, Pesquisas e Formação de Servidores Públicos do Rio de Janeiro
CESPE/UNB	Centro de Seleção e de Promoção de Eventos da Universidade de
COCP IFMT	Comissão Organizadora de Concurso Público do IFMT
COMPERVE/UFRN	Comissão Permanente do Vestibular – Universidade Federal do Rio Grande do Norte
COMPROV/UFCG	Comissão de Processos Vestibulares – Universidade Federal de Campina Grande
UPENET/IAUPE	Instituto de Apoio à Universidade de Pernambuco
COPEMA/IFAL	Comissão Permanente de Magistério – Instituto Federal de Alagoas
CSEP/IFPI	Comissão de Seleção de Pessoal - Instituto Federal do Piauí
DIGPE/IFRN	Diretoria de Gestão de Pessoas – Instituto Federal do Rio Grande do Norte
FADESP/IFPA	Fundação de Amparo de Desenvolvimento da Pesquisa – Instituto Federal do Pará
FCC	Fundação Carlos Chagas

FGV	Fundação Getúlio Vargas
FUNCAB	Fundação Professor Carlos Augusto Bittencourt
FUNCERN/IFRN	Fundação de Apoio à Educação e ao Desenvolvimento Tecnológico –Instituto Federal do Rio Grande do Norte
Funrio	Fundação de Apoio a Pesquisa, Ensino e Assistência à Escola de Medicina e Cirurgia do Rio de Janeiro e ao Hospital Universitário Gaffrée e Guinle, da Universidade Federal do Estado do Rio de Janeiro
IBADE	Instituto Brasileiro de Apoio e Desenvolvimento Executivo
IBC	Instituto Benjamin Constant
IBFC	Instituto Brasileiro de Formação e Capacitação
IDECAN	Instituto de Desenvolvimento Educacional, Cultural e Assistencial Nacional
IESES/IFC	Instituto de Estudos Superiores do Estremo Sul – Instituto Federal Catarinense
IFAC	Instituto Federal do Acre
IFAM	Instituto Federal do Amazonas
IFCE	Instituto Federal do Ceará
IFFar	Instituto Federal de Farroupilha
IFG	Instituto Federal de Goiás
IFMG	Instituto Federal de Minas Gerais
IFMT	Instituto Federal do Mato Grosso
IFNMG	Instituto Federal do Norte de Minas Gerais
IFPA	Instituto Federal do Pará
IFPB	Instituto Federal da Paraíba
IFPE	Instituto Federal de Pernambuco
IFPI	Instituto Federal do Piauí
IFRO	Instituto Federal de Roraima
IFRS	Instituto Federal do Rio Grande do Sul
IFSC	Instituto Federal de Santa Catarina
IFSul	Instituto Federal Sul-rio-grandense

IFTO	Instituto Federal do Tocantins
Instituto AOCP	Associação civil sem fins econômicos, de caráter organizacional, filantrópico, assistencial, promocional, recreativo e educacional, sem cunho político ou partidário
IPAD	Instituto de Planejamento e Apoio ao Desenvolvimento Tecnológico e Científico Nucepe/Uespi Núcleo de Concursos e Promoção de Eventos – Universidade Estadual do Piauí
UFCE	Universidade Federal do Ceará
PPGF/UFSC	Programa de Pós-Graduação em Física da Universidade Federal de Santa Catarina
PPG-FIS/UFG	Programa de Pós-Graduação em Física da Universidade Federal de Goiás
PUCPR	Pontifícia Universidade Católica do Paraná
SARI/UFMT	Secretaria de Articulação e Relações Institucionais-Universidade Federal de Mato Grosso
SEAP-PR	Secretaria da Administração e da Previdência/Paraná
SEDUC-CE	Secretaria da Educação do Estado do Ceará
SEDUC-MA	Secretaria de Estado da Educação – Governo do Estado do Maranhão
SEDU-ES	Secretaria de Estado da Educação da Espírito Santo
SEEC-RN	Secretaria de Estado da Educação, da Cultura, do Esporte e do Lazer
SEEDUC-RJ	Secretaria de Estado de Educação do Rio de Janeiro
SEE-PB	Secretaria de Estado da Educação da Paraíba
SEE-SP	Secretaria da Educação do Estado de São Paulo
SEE-AC	Secretaria da Educação do Estado do Acre
SES-SC	Secretaria de Estado da Saúde de Santa Catarina
SGA-AC	Secretaria da Gestão Administrativa do Estado do Acre
UFU	Universidade Federal de Uberlândia
UFT	Universidade Federal do Tocantins

UFSC	Universidade Federal de Santa Catarina
UNIFAP	Universidade Federal do Amapá
VUNESP	Fundação para o Vestibular da Universidade Estadual Paulista

Sumário

Os autores	VII
A coleção	IX
Agradecimentos	XI
Prefácio	XIII
Apresentação	XV
Abreviaturas e Siglas	XVII
9 Temperatura	1
10 Dilatação Térmica	23
11 Calor	71
12 Leis da Termodinâmica	153
Gabaritos	183
Bibliografia	185

9. *Temperatura*

Antônio Nunes de Oliveira
Marcos Cirineu Aguiar Siqueira
Douglas Pereira Gomes da Silva
Lucas Roberto do Nascimento
Josias Valentim Santana

Temperatura
A temperatura é a grandeza física medida pelo termômetro. Microscopicamente, ela se relaciona com o grau médio de agitação dos átomos, moléculas e/ou íons que compõem um dado objeto.

Equilíbrio térmico e lei zero da termodinâmica
A noção de equilíbrio térmico permite enunciar uma lei física formulada por Kelvin e que consiste no princípio básico da construção dos termômetros, a lei zero da termodinâmica:
Se dois sistemas termodinâmicos, A e B, estão em equilíbrio térmico com um terceiro, C, eles estão em equilíbrio térmico entre si.
De forma alternativa, podemos dizer que *os sistemas termodinâmicos tendem a uma condição na qual toda mudança de temperatura tende a cessar, atingindo um estado denominado equilíbrio térmico* (Oliveira; Siqueira, 2022, p. 32).

Energia interna
A energia interna de um sistema corresponde à soma de todas as formas microscópicas de energia e está relacionada à estrutura

molecular e ao grau de atividade molecular (Oliveira; Siqueira, 2022, p. 33).

Medir a energia interna de um sistema termodinâmico é inviável devido ao grande número de moléculas envolvidas. O que geralmente fazemos é estabelecer um parâmetro de comparação usando como base a sua temperatura.

Termômetros

Os termômetros são os instrumentos utilizados na aferição de temperaturas. Existe uma variedade deles, os mais populares são os de mercúrio (que está saindo de uso devido ao mercúrio ser poluente), os digitais, os infravermelhos, os de lâmina bimetálica, os de fita e os de gás.

Escalas termométricas

As escalas de temperatura correspondem a uma série gradual de números representativos da grandeza física temperatura, a qual está microscopicamente relacionada à energia cinética translacional média das partículas, átomos ou moléculas de um corpo energia e está relacionada à estrutura molecular e ao grau de atividade molecular (Oliveira; Siqueira, 2022, p. 41).

Existem várias escalas termométricas, sendo as mais conhecidas no meio acadêmico de Física e Engenharia: Celsius, Fahrenheit, Kelvin, Rankine, Réaumur, Römer, Newton e Delisle. A Equação 9.1 fornece a relação entre as escalas Celsius, Fahrenheit e Kelvin, as mais populares:

$$\frac{T_C}{5} = \frac{T_F - 32}{9} = \frac{T_K - 273,15}{5}. \tag{9.1}$$

A Equação 9.2 relaciona variações de temperatura nas escalas Celsius, Fahrenheit e Kelvin:

$$\Delta T_{\text{Celsius}} = \left(\frac{5}{9}\right) \Delta T_{\text{Fahnheit}} = \Delta T_{\text{Kelvin}}. \tag{9.2}$$

PROVA DIDÁTICA

Tempo de prova
Numa prova didática, o tempo de prova é preestabelecido no edital. Logo, é necessário que o candidato, antes de tudo, leia atentamente o edital de seu certame, tomando notas das principais orientações, para evitar eventual esquecimento.
É preciso ter atenção, pois algumas vezes o tempo é um dos elementos eliminatórios. O autor principal desta obra já teve uma eliminação direta em concurso público de um Instituto Federal por extrapolar o tempo em menos de 3 minutos; infelizmente não havia como protestar, uma vez que estava explícito no edital.
São dicas importantes:
1) Usar relógio para cronometrar o tempo, se permitido pelo edital;
2) Treinar a aula diversas vezes;
3) Planejar estratégias didáticas que permitam prolongar ou reduzir o tempo de aula, conforme a necessidade.

9.1 (SABER/IFAC – Edital de 2012)

Uma peça metálica encontrava-se a $412°\,C$. Após ser resfriada em água, sua temperatura reduziu para $62°\,C$. Se a temperatura dessa peça tivesse sido medida na escala térmica Fahrenheit, qual seria a sua temperatura ao final do resfriamento?
(a) $630°\,F$.
(b) $512,4°\,F$.
(c) $212,6°\,F$.
(d) $146,6°\,F$.
(e) $350°\,F$.
Sugestão de Solução.

Solução em vídeo.

9.2 (CPII-RJ – Edital 02/2013)

Um grupo de alunos construiu um termômetro a gás, usando um tubo de vidro fino, ligado a um bulbo cheio de ar, com uma pequena gota de Hg que desliza sem atrito pelo tubo quando há variação de temperatura. O termômetro foi calibrado na escala "Turma X", à pressão de 1 atm. Para realizar a calibração desse termômetro, os alunos colocaram-no em um frasco com gelo fundente e, após o equilíbrio térmico, a gota de Hg estabilizou-se a 4 mm do início do tubo. Nesse ponto, os alunos marcaram o zero $(0\,°X)$ dessa escala. Aquecendo lentamente a água do frasco, os alunos marcaram, arbitrariamente, o valor de 8 $°X$ quando o termômetro entrou em equilíbrio térmico com água em ebulição, e a gota de mercúrio atingiu 164 mm nesse ponto. Os alunos podem determinar nesse termômetro graduado na escala X que a temperatura de 40 $°C$ será:
(a) $3,2\,°X$ a $64,4\,mm$ do zero do termômetro.
(b) $6,4\,°X$ a $32,0\,mm$ do zero do termômetro.
(c) $3,2\,°X$ a $64,0\,mm$ do zero do termômetro.
(d) $3,6\,°X$ a $68,0\,mm$ do zero do termômetro.
Sugestão de Solução.

Solução em vídeo.

9.3 (FUNRIO – Tec. Lab. de Fís/IFPI – Edital de 2014)

Admitindo que a temperatura normal do corpo humano é cerca de 36,7 $°C$, assinale qual das alternativas a seguir apresenta os valores aproximados da temperatura normal do corpo humano em Fahrenheit e Kelvin, respectivamente.

Figura 9.3 — Representação das escalas.

```
  °C         °F         K
 100 ──────── 212 ──────── 373 ──▶ PONTO DE
                                   EBULIÇÃO DA ÁGUA

 36,7 ─────── T_F ──────── T_K ──▶ TEMPERATURA QUE
                                   SE QUER CALCULAR

   0 ──────── 32 ───────── 273 ──▶ PONTO DE
                                   FUSÃO DO GELO
```
Fonte: Funrio, 2014.

(a) 98 °F e 310 K.
(b) 212 °F e 373 K.
(c) 249 °F e 410 K.
(d) 32 °F e 273 K.
(e) 69 °F e 310 K.
Sugestão de Solução.

Solução em vídeo.

9.4 (Instituto AOCP - IBC- Edital 04/2012)

A diferença entre as leituras num termômetro de escala Fahrenheit para a escala Celsius é igual à diferença entre as leituras nos termômetros Celsius e Réaumur. Nesta situação, as temperaturas indicadas por dois dos termômetros são, aproximadamente
(a) 24 °F; 15 °Re.
(b) − 53, 3 °C; −42, 6 °Re.
(c) − 63, 9 °F; −75, 8 °C.
(d) − 43, 8 °Re; 75, 49 °C.
(e) 112, 9 °F; 83, 24 °Re.

Sugestão de Solução.

Solução em vídeo.

9.5 (IFSC - Edital 42 de 2014)

Na escala Kelvin existe uma temperatura cujo valor é _____. Assinale a alternativa que preenche CORRETAMENTE a lacuna.
(a) menor que o valor na escala Celsius.
(b) igual na escala Celsius.
(c) igual em qualquer escala termométrica.
(d) menor que zero.
(e) igual na escala Fahrenheit.

9.6 (IFRS - Edital 18 de 2010)

Considerando que em termômetro gás registra a pressão de $325\ mmHg$ para uma quantidade de água no ponto triplo $(273, 16\ K)$. Qual será a pressão lida no termômetro se estivesse em contato com a água no ponto de ebulição normal?
(a) $548 mmHg$.
(b) $373 mmHg$.
(c) $484 mmHg$.
(d) $444 mmHg$.
(e) $384 mmHg$.
Sugestão de Solução.

Solução em vídeo.

9.7 (Tec. Lab. Fís/CEFET-BA – 2007)

Uma determinada civilização antiga estabeleceu como referência para medição da temperatura uma escala termométrica γ (gama), tomando como pontos fixos os valores 10 $°\gamma$ para a solidificação da água e 140 $°\gamma$ para evaporação da água. Estabelecendo a relação entre as escalas $°\gamma$ (gama) e $°C$ (Celsius), pode-se afirmar que 60 $°\gamma$ corresponde aproximadamente na escala Celsius a:
(a) $75, 0$.
(b) $65, 0$.
(c) $47, 5$.
(d) $38, 5$.
(e) $33, 3$.
Sugestão de Solução.

Solução em vídeo.

9.8 (MSCONCURSOS/IFRO – Edital de 2014)

Os países de origem anglo-saxônica ainda usam o termômetro na escala Fahrenheit por uma questão cultural, tanto que na época que se atribuía a existência de um zero absoluto (0 K), na vibração

das partículas mais miúdas da matéria, atribuía-se este valor, em Fahrenheit, como sendo:
(a) 0 °F.
(b) −459, 4 °F.
(c) 32 °F.
(d) 459, 4 °F.
(e) 491, 4 °F.
Sugestão de Solução.

Solução em vídeo.

9.9 (CESPE/UnB - SEDUC/CE - Edital 007 de 2013)

Considerando-se a seguinte relação entre a temperatura em graus Kelvin e a temperatura em gruas Celsius: $T_K = T_C + 273$, é correto afirmar que o aumento percentual da energia cinética média de translação das moléculas de um gás ideal, quando a temperatura deste aumenta de $0°C$ para $100°C$, é aproximadamente igual, em porcentagem, a:
(a) 43, 7.
(b) 36, 6.
(c) 50, 7.
(d) 20, 4.
(e) 15, 8.
Sugestão de Solução.

Solução em vídeo.

9.10 (FCC/SEDU-ES – Edital de 2016)

Numa escala hipotética H de temperatura, atribui-se o valor 60 $°H$ para a temperatura de fusão do gelo e -180 $°H$ para a temperatura de ebulição da água, sob pressão normal. Na escala Fahrenheit, a temperatura correspondente a 100 $°H$ vale:
(a) -68.
(b) 100.
(c) 2.
(d) 48.
(e) -22.

9.11 (SGA-AC/FUNCAB – Edital de 2012)

A antiga escala termométrica Réamur adotava, como pontos fixos, 0 *grau* para o congelamento da água e 80 *graus* para a ebulição da água. Um médico, inadvertidamente, utilizou um antigo termômetro nessa escala para ler a temperatura de um paciente em seu consultório. A temperatura lida foi de 32 $°R$. Após pesquisar em um livro de física básica, pôde então constatar que a temperatura em graus Celsius desse paciente era de fato:
(a) 36 $°C$.
(b) 38 $°C$.
(c) 40 $°C$.
(d) 41 $°C$.
(e) 42 $°C$.

9.12 (SGA-AC/FUNCAB – Edital de 2010)

Uma escala termométrica absoluta atribui o valor $492\,°X$ ao ponto do gelo, sob pressão normal. O ponto do vapor (temperatura de ebulição da água sob pressão normal) nessa escala X mede:
(a) 500.
(b) 542.
(c) 592.
(d) 600.
(e) 672.
Sugestão de Solução.

Solução em vídeo.

9.13 (CEFET-RN – Edital de 2006)

Termômetros de gás a volume constante, usando gases diferentes, indicam todos a mesma temperatura quando em contato com o mesmo objeto se:
(a) os volumes forem os mesmos.
(b) as pressões forem todas extremamente altas.
(c) as pressões forem as mesmas.
(d) a concentração de partículas for extremamente pequena.

9.14 (VUNESP/SEE-SP – 2012)

O conjunto de valores numéricos que uma dada temperatura pode assumir em um termômetro constitui uma escala termométrica. As escalas mais utilizadas estão indicadas na figura.

Figura 9.3 — Representação das escalas.

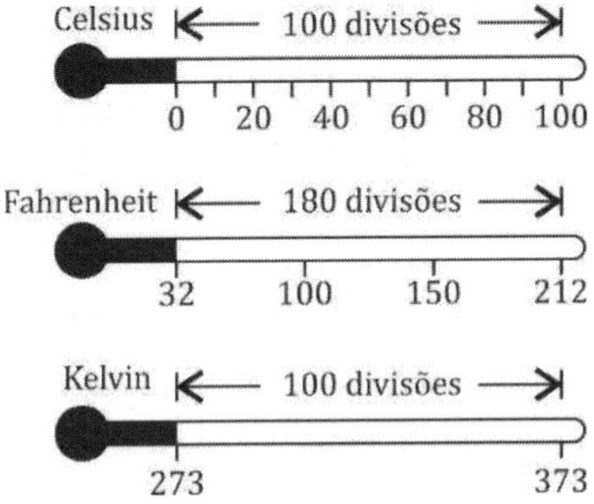

Celsius |←— 100 divisões —→|
0   20   40   60   80   100

Fahrenheit |←— 180 divisões —→|
32   100   150   212

Kelvin |←— 100 divisões —→|
273   373

Fonte: Funrio, 2014.

O serviço de meteorologia anunciou que, em uma cidade do Estado do Rio de Janeiro, a temperatura máxima seria de 38 °C e a mínima 14 °C. Essa variação de temperatura, expressa na escala Fahrenheit é de, aproximadamente:
(a) 14°.
(b) 26°.
(c) 36°.
(d) 44°.
(e) 64°.

9.15 (FCC/SEDUC-MA – Edital de 2005)

Ao medir a temperatura de um líquido com um termômetro graduado na escala Fahrenheit obteve-se 122 °F. Na escala absoluta (Kelvin) essa temperatura é medida pelo número:
(a) 323.
(b) 359.
(c) 363.
(d) 383.
(e) 395.

9.16 (IFSul – Edital 071 de 2011 – Matemática)

O quadro a seguir apresenta algumas temperaturas correspondentes nas escalas Kelvin (T_K), Celsius (T_C) e Fahrenheit (T_F):

	T_K	T_C	T_F
Ponto de ebulição da água	$373\,K$	$100\,°C$	$212\,°F$
Ponto de congelamento da água	$273\,K$	$0\,°C$	$32\,°F$

Sabe-se que as relações entre as escalas de temperaturas, duas a duas, são dadas por funções afins. Desse modo, as relações entre as escalas Kelvin e Celsius e entre as escalas Kelvin e Fahrenheit são dadas, respectivamente, por:
(a) $T_C = T_K - 273°$ e $T_F = \frac{5}{9}T_K - 2297°$.
(b) $T_C = 273° - T_K$ e $T_F = \frac{T_K - 2297°}{5}$.
(c) $T_C = 373° - T_K$ e $T_F = \frac{T_K - 2297°}{5}$.
(d) $T_C = T_K - 273°$ e $T_F = \frac{9T_K - 2297°}{5}$.

9.17 (IDECAN/SEEC-RN – Edital 001 de 2015)

Dois corpos tiveram suas temperaturas registradas por termômetros diferentes, sendo um deles graduado na escala Kelvin e o outro na escala Celsius. Em seguida, esses corpos foram colocados em um ambiente cuja temperatura é de $57\,°C$. Ao atingirem o equilíbrio térmico com o ambiente o corpo cuja temperatura havia sido registrada na escala Kelvin apresentou um aumento de 10% no valor de sua temperatura e o outro corpo cuja temperatura havia sido registrada na escala Celsius apresentou uma redução na sua temperatura de 62%. A diferença de temperatura apresentada inicialmente por esses corpos expressa na escala Celsius corresponde a:
(a) $107\,°C$.
(b) $116\,°C$.
(c) $123\,°C$.
(d) $134\,°C$.

9.18 (UNIFAP - Edital de 2008)

Um vento forte sopra sobre uma cidade e a temperatura cai $11,8\ °C$ em uma hora. Esta queda de temperatura, na escala Fahrenheit, corresponde a:
(a) $21,24\ °F$.
(b) $26,54\ °F$.
(c) $14,32\ °F$.
(d) $15,83\ °F$.
(e) $22,22\ °F$.
Sugestão de Solução.

Solução em vídeo.

9.19 (UFU - Edital de 2008)

Um termômetro de resistência é aquele que utiliza a variação da resistência elétrica com a temperatura de uma substância. Podemos definir as temperaturas medidas por esse termômetro, em Kelvins (K), como sendo diretamente proporcionais, à resistência R, medida em ohms (Ω). Certo termômetro de resistência, quando seu bulbo é colocado na água à temperatura do ponto triplo $(273,16\ K)$, tem uma resistência R de 90 Ω. Qual é a leitura aproximada do termômetro, quando a resistência for 96 Ω?
(a) $291\ K$.
(b) $390\ °C$.
(c) $564\ K$.
(d) $18\ °C$.
Sugestão de Solução.

Solução em vídeo.

9.20 (CESPE/UnB – Perito Criminal-PE – Edital de 2016)

Considerando-se que a temperatura de 100 °C corresponde a +10 °E em um termometro com escala linear E e que a temperatura de 0 °C corresponde a −50 °E nessa escala E, é correto afirmar que a temperatura de 400 °C corresponderá, na escala E, a:
(a) 190 °E.
(b) 150 °E.
(c) 140 °E.
(d) 130 °E.
(e) 180 °E.

9.21 (Perito Criminal-RJ/IBFC – Edital de 2013)

Uma pessoa abre a geladeira e pega a dois objetos. Uma lata de refrigerante de alumínio e uma garrafa de vidro. Sabendo que ambos os objetos estão há muito tempo na geladeira, assinale a afirmação que indique corretamente o que ocorre.
(a) A sensação térmica da pessoa é menor no objeto de alumínio, pois seu coeficiente de condutibilidade térmica é maior.
(b) A sensação térmica na mão da pessoa é igual.
(c) O objeto metálico está com menor temperatura que o de vidro.
(d) A sensação térmica da pessoa é menor no objeto de alumínio, pois seu coeficiente de condutividade térmica e menor.
(e) Não há percepção de diferença de temperatura no momento do contato, porém, o objeto de vidro está com uma temperatura menor que o de alumínio.

9.22 (Perito Criminal-RJ/IBFC - Edital de 2013)

A temperatura de um sistema, quando medida na escala Celsius, varia obedecendo à seguinte função

$$T_C = 15t + 10,$$

onde t representa o tempo medido em segundos. A temperatura desse mesmo sistema, sob as mesmas condições, se medida na escala Fahrenheit, sofrerá uma variação cuja função representativa será:
(a) $T_F = 27t + 50.$
(b) $T_F = 30t - 20.$
(c) $T_F = 25t + 0,35.$
(d) $T_F = 20t - 50.$
(e) $T_F = 35t + 15.$
Sugestão de Solução.

Solução em vídeo.

9.23 (Perito Criminal-MT/FUNCAB - Edital de 2013)

Um turista desembarcando em Nova York constatou no aeroporto que a temperatura era de aproximadamente $46,4\ °F$. Qual seria a temperatura se a leitura fosse feita na escala Celsius?
(a) $6\ °C.$
(b) $3\ °C.$
(c) $8\ °C.$
(d) $4\ °C.$
(e) $2\ °C.$
Sugestão de Solução.

9. TEMPERATURA

Solução em vídeo.

9.24 (SEE-PB/IBADE – Edital de 2017)

O oxigênio tem ponto de ebulição em $90,10\ K$. Qual a leitura aproximada dessa temperatura na escala Fahrenheit?
(a) -337.
(b) -407.
(c) -297.
(d) -227.
(e) -107.

9.25 (UFT/UFMT – Edital 12 de 2014)

Um termômetro foi introduzido em uma panela com água quente e feita a leitura. Que temperatura foi registrada?
(a) A temperatura da água.
(b) Uma média aritmética das temperaturas da água e do termômetro.
(c) Uma média ponderada das temperaturas da água e do termômetro, sendo que o peso da temperatura da água é maior.
(d) A temperatura do termômetro.

9.26 (UFSC/SES-SC – Edital 12 de 2014)

A figura abaixo mostra um termômetro M, calibrado na escala X, e um termômetro N, calibrado na escala Celsius.

Figura 9.26 — Termômetros.

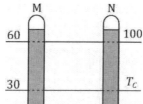

Fonte: UFSC, 2014.

É CORRETO afirmar que a temperatura, em graus Celsius, correspondente a $30\,°X$, é:
(a) 60.
(b) 50.
(c) 40.
(d) 30.
(e) 70.

9.27 (UFSC/SES-SC – Edital 12 de 2014)

Assinale a alternativa CORRETA. Na medida de temperatura: 1 – extremamente baixa; 2 – do corpo humano; 3 – extremamente elevadas, usamos, respectivamente, os seguintes instrumentos:
(a) 1 – Termômetro de máxima e mínima; 2 – Termômetro clínico; 3 – Termômetro a gás.
(b) 1 – Termômetro a gás; 2 – Termômetro clínico; 3 – Pirômetro óptico.
(c) 1 – Termômetro a álcool; 2 – Termômetro clínico; 3 – Termômetro a gás.
(d) 1 – Termômetro a gás; 2 – Termômetro clínico; 3 – Termômetro de máxima e mínima.
(e) 1 – Pirômetro óptico; 2 – Termômetro clínico; 3 – Termômetro a gás.

Sugestão de Solução.

Solução em vídeo.

9.28 (PREF. MUNICIPAL DE INHAPI-AL - Edital 12 de 2014)

Uma escala termométrica arbitrária X atribui o valor $-20\,°X$ para a temperatura de fusão do gelo e $120\,°X$ para a temperatura de ebulição da água, sob pressão normal. A temperatura em que a escala X dá a mesma indicação que a Celsius é:
(a) 60.
(b) 70.
(c) 50.
(d) 30.

Sugestão de Solução.

Solução em vídeo.

9.29 (CEPERJ/SEEDUC-RJ - Edital de 2010)

A figura abaixo mostra a correspondência entre cinco escalas termométricas.

Figura 9.29 — Escalas termométricas.

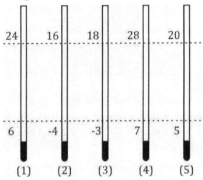

Fonte: Ceperj (2010).

Para duas dessas escalas não há temperatura alguma para a qual elas deem uma mesma indicação. Essas duas escalas são:
(a) 2 e 5.
(b) 1 e 4.
(c) 1 e 5.
(d) 3 e 4.
(e) 2 e 3.

9.30 (SGA/SEE-AC – Edital 005 de 2014)

Um turista brasileiro, ao desembarcar no aeroporto de Londres, observou que estava frio, mas a temperatura indicada lá, em graus Fahrenheit, era 32 °F. Esta temperatura, se considerada em graus Celsius, vale:
(a) $5,4\ °C$.
(b) $-7,0\ °C$.
(c) $-2,5\ °C$.
(d) $0,0\ °C$.
(e) $1,8\ °C$.
Sugestão de Solução.

Solução em vídeo.

9.31 (IDECAN/IFCE – Edital 02 de 2021)

Um estabelecimento comercial adquiriu um termômetro como o objetivo de conferir a temperatura de seus clientes no acesso a loja. Entretanto, ao utilizar o aparelho pela primeira vez, percebeu que o valor de temperatura informado está na escala de *Fahrenheit*. Ao efetuar a leitura no primeiro cliente, o aparelho a acusou o valor de 102, 2 °F. Pergunta-se: o cliente está com febre?
Assinale a alternativa que representa o valor convertido para °C e se o cliente apresenta febre ou não.
(a) 36 °C. Cliente não apresenta febre
(b) 38 °C. Cliente não apresenta febre.
(c) 38 °C. Cliente está com febre.
(d) 39 °C. Cliente está com febre.

QC 9.32 (IDECAN/IFCE – Edital 02 de 2021)

Um estabelecimento comercial adquiriu um termômetro como o objetivo de conferir a temperatura de seus clientes no acesso a loja. Entretanto, ao utilizar o aparelho pela primeira vez, percebeu que o valor de temperatura informado está na escala *Fahrenheit*. Ao efetuar a leitura no primeiro cliente, o aparelho a acusou o valor de 96, 8 °F. Pergunta-se: o cliente está com febre? Assinale a alternativa que representa o valor convertido para graus *Celsius* e se o cliente apresenta febre ou não.
(a) 38 °C. Cliente não apresenta febre.
(b) 38 °C. Cliente está com febre.

(c) 39 $°C$. Cliente está com febre.
(d) 36 $°C$. Cliente não apresenta febre.
Sugestão de Solução.

Solução em vídeo.

9. TEMPERATURA

10. Dilatação Térmica

Antônio Nunes de Oliveira
Marcos Cirineu Aguiar Siqueira
Douglas Pereira Gomes da Silva
Lucas Roberto do Nascimento
Josias Valentim Santana

Dilatação térmica
A dilatação térmica é uma consequência da mudança na separação média entre átomos ou moléculas constituintes de um corpo. Isso ocorre sempre que há variações de temperatura.
Quando expomos um dado objeto a uma variação de temperatura ele reage alterando suas dimensões geométricas; elas aumentam quando sua temperatura aumenta, ou se contraem/reduzem, caso sua temperatura diminua, salvo algumas exceções/anomalias. Este fenômeno ficou conhecido como *dilatação térmica*. A variação nas dimensões dos corpos devido a variações de temperatura (*dilatação térmica*) não é percebida na grande maioria dos fenômenos cotidianos, mas estão lá e seus efeitos hora ou outra se manifestam macroscopicamente (Oliveira; Siqueira, 2022, p. 234).
A dilatação ocorre sempre nas três dimensões espaciais (X, Y, Z), entretanto, há situações em que a alteração em uma ou duas dessas dimensões pode ser negligenciada.

Dilatação linear dos sólidos

Nesse tipo de dilatação, considera-se a alteração de uma única dimensão:

$$L = L_0\left(1 + \alpha\Delta\theta\right). \tag{10.1}$$

Podemos reescrever a Equação (10.1) como:

$$\Delta L = L_0\alpha\Delta\theta. \tag{10.2}$$

Gráfico do comprimento em função da temperatura
Num gráfico L *versus* T, a tangente do ângulo θ é igual ao comprimento inicial da barra multiplicado por seu coeficiente de dilatação linear.

$$\operatorname{tg}\varphi = L_0\alpha. \tag{10.3}$$

Dilatação superficial dos sólidos
Nesse tipo de dilatação, considera-se a alteração de duas dimensões:

$$A = A_0\left(1 + \beta\Delta\theta\right), \tag{10.4}$$
$$\Delta A = A_0\beta\Delta\theta, \tag{10.5}$$

onde $\beta = 2\alpha$ é o coeficiente de dilatação superficial. Nos livros-texto você encontrará a temperatura ora designada por T, ora por θ.

Espaço entre as cerâmicas quando elas dilatam
Quando as cerâmicas dilatam com o aumento da temperatura, o espaçamento entre elas diminui devido ao acréscimo em sua superfície. Caso não existissem as juntas de dilatação, as cerâmicas seriam pressionadas umas contra as outras, e isso poderia levá-las a se partir (Oliveira; Siqueira, 2022).

Orifício em um sólido inteiriço quando este é aquecido
Quando um objeto sólido contém um orifício em seu interior, o orifício se dilata juntamente com o material – tudo se passa como se o buraco

fosse preenchido com o mesmo material do objeto. Todas as dimensões lineares do objeto se dilatam do mesmo modo quando a temperatura varia. É um erro muito comum pensar que, na expansão do objeto, haja contração do orifício devido a uma suposta expansão do objeto para dentro do orifício! (Oliveira; Siqueira, 2022).

Régua quando dilata
Ao se dilatar, as unidades de medida da régua tornam-se maiores, ou seja, a unidade de medida da régua dilatada é maior de que do que a unidade de medida da régua não dilatada (estamos considerando aumento de temperatura). Se o comprimento de um objeto medido na régua não dilatada corresponde a 6 $u.m.$ ($u.m.$ = unidade de medida), por exemplo, na régua dilatada esse mesmo objeto medirá menos do que 6 $u.m.$ (Oliveira; Siqueira, 2022).

Período de um pêndulo simples após dilatação
Para pequenas oscilações em torno do ponto de equilíbrio, o período de um pêndulo simples pode ser obtido através da equação:

$$T = 2\pi \sqrt{\frac{l}{g}}, \qquad (10.6)$$

onde l é o comprimento do fio que sustenta a massa m oscilante e g é a aceleração da gravidade local.
Variações de temperatura do ambiente podem acarretar variações de l (aumento ou redução, a depender da variação de temperatura ter sido positiva ou negativa). Consequentemente, variações de temperatura afetarão o período de oscilação do pêndulo. Quando l aumenta, o período do pêndulo aumenta. Se ele é usado para marcar o tempo, isso significa que o relógio atrasará; do contrário, o período do pêndulo diminuindo (oscilação mais rápida), o relógio adiantará (Oliveira; Siqueira, 2022).

Dilatação volumétrica dos sólidos Nesse tipo de dilatação, considera-se a alteração de três dimensões do sólido: comprimento, largura e altura.

$$V = V_0 \left(1 + \gamma \Delta \theta\right) \quad (10.7)$$

ou

$$\Delta V = V_0 \gamma \Delta \theta, \quad (10.8)$$

onde $\gamma = 3\alpha$ é o coeficiente de dilatação volumétrica.

Dilatação térmica dos fluidos
No caso dos fluidos, a dilatação do recipiente acaba por vezes mascarando a dilatação do fluido.

PROVA DIDÁTICA
Recursos
São vários os recursos que você pode usar nas suas aulas, em concursos públicos. Os de uso mais frequentes são::

a) Quadro negro ou quadro branco, pincéis e apagador. Ao usar esses recursos, tenha muita atenção quanto à organização do conteúdo a ser escrito e à caligrafia. Evite apagar o quadro com a mão e se coloque sempre numa posição em que a banca consiga observar sua postura e o que está sendo escrito. Treine a escrita e possíveis desenhos/ilustrações que você for usar;

b) Datashow. Esse é um instrumento muito explorado por candidatos em concursos, entretanto, quando não é bem empregado, pode até mesmo prejudicar seu desempenho na prova. Os slides precisam ser ilustrativos e não estar sobrecarregados de texto. Opte sempre por ilustrações como imagens, *gifs* animados e/ou vídeos. As imagens devem preferivelmente ser sem fundo ou estar harmonia com o plano de fundo de sua apresentação. As instituições não costumam disponibilizar esse tipo equipamento. Certifique-se da qualidade da imagem que seu equipamento vai oferecer, pois alguns, a depender da luminosidade local, têm desempenho muito ruim, o pode não agradar à banca;

c) Experimentos. Sempre que você planejar o uso de algum experimento em aula, certifique-se de que ele está funcionando perfeitamente bem. Se possível, leve uma réplica para o caso de uma eventual falha no equipamento. Isso já ocorreu com um aluno nosso: na noite anterior à prova o equipamento deu problema e ele conseguiu um para substituir em cima da hora, mas foi sorte. Nestes casos conte com estratégias, pois a sorte nem sempre estará do teu lado se você não se planejar bem.

Explore muito bem todos os recursos que você se propor a usar, demonstrando domínio de cada um. E não se esqueça de se perguntar sempre se tal recurso tem importância dentro da apresentação, se a omissão dele afetaria a qualidade da aula. Insira somente aquilo que agregar a para a compreensão do assunto.

Para aulas de até 50 minutos, o autor principal deste livro costumava usar em suas apresentações até 12 slides. Dessa forma era possível explorar muito bem o quadro e outros recursos auxiliares. Haverá aqueles candidatos que irão passar a aula toda mudando slides; eles usarão de 30 a 50 slides, e isso certamente fará com que a sua aula não tenha a dinâmica necessária, passando para a banca a impressão de que eles estão inseguros ou até mesmo despreparados.

10.1 (MSCONCURSOS/GRUPO SARMENTO/IFAC - Edital 01/2014)

A tabela a seguir, mostra os coeficientes de dilatação de alguns materiais. Qual deles apresenta a maior dilatação volumétrica para uma mesma variação de temperatura e mesmo volume inicial?

Tabela 10.1 — Coeficientes de dilatação linear de alguns materiais.

Material	Coeficiente de dilatação linear (α) em °C^{-1}
Aço	$1,1 * 10^{-5}$
Alumínio	$2,4 * 10^{-5}$
Chumbo	$2,9 * 10^{-5}$
Cobre	$1,7 * 10^{-5}$

(a) Aço
(b) Alumínio
(c) Chumbo
(d) Cobre
Sugestão de Solução.

Solução em vídeo.

10.2 (IFAL - Edital 01/2010)

Verifica-se que o coeficiente de dilatação linear do vidro comum tem o valor de $9,0 * 10^{-6}\ °C^{-1}$. Qual o valor do coeficiente de dilatação volumétrica desse material, caso alguém utilize a escala Fahrenheit?
(a) $1,5 * 10^{-5}\ °F^{-1}$.
(b) $5,0 * 10^{-6}\ °F^{-1}$.
(c) $10 * 10^{-6}\ °F^{-1}$.
(d) $4,8 * 10^{-5}\ °F^{-1}$.
(e) $1,4 * 10^{-4}\ °F^{-1}$.
Sugestão de Solução.

Solução em vídeo.

10.3 (IFAL – Edital 01/2010)

O período P de um relógio de pêndulo é dado por $P = 2\pi\sqrt{\frac{L}{g}}$, onde L é o seu comprimento e g é a aceleração da gravidade local. Observa-se que este relógio funciona de forma correta a 20 °C. Porém, quando a temperatura aumenta, o período do relógio se altera. Qual das opções abaixo mostra a equação que representa a variação do período ΔP do relógio em função do coeficiente de dilatação linear α do material que constitui o pêndulo, do comprimento L do relógio a 20 °C, da aceleração da gravidade g e da variação de temperatura ΔT?

(a) $\pi\sqrt{\frac{1}{g}L}\alpha\Delta T$.

(b) $\pi\sqrt{\frac{L}{1}\frac{1}{g}}\alpha\Delta T$.

(c) $\pi\sqrt{\frac{L}{g}}\alpha\Delta T$.

(d) $\pi\sqrt{\frac{1}{gL}}\alpha\Delta T$.

(e) $\pi\sqrt{\frac{L^2}{g}}\alpha\Delta T$.

Sugestão de Solução.

Solução em vídeo.

10.4 (IFAL - Edital 01/2010)

Considere um recipiente de vidro com a forma de um paralelepípedo, que possui uma de suas faces menores aberta e a outra apoiada sobre a bancada do laboratório, sendo que a distância entre elas é de 30 cm. Deseja-se colocar mercúrio dentro deste recipiente, atingindo certa altura H, de tal maneira que se possa manter constante a parte vazia do recipiente a qualquer temperatura. Qual o valor de H para que este objetivo seja atingido? Dados: coeficiente de dilatação linear do vidro $= 9,0 * 10^{-6}$ °C^{-1}, coeficiente de dilatação volumétrica do mercúrio $= 18 * 10^{-5}$ °C^{-1}.

(a) $1,5\ cm$.
(b) $4,5\ cm$.
(c) $9,0\ cm$.
(d) $18\ cm$.
(e) $27\ cm$.

10.5 (IFAL - Edital 01/2010)

Uma barra é feita de dois materiais diferentes, conforme mostra a figura. Os coeficientes de dilatação linear dos materiais A e B valem respectivamente α_A e α_B. Sabendo-se que, para temperatura ambiente $L_B = 3L_A$, pode-se dizer que o coeficiente de dilatação linear da barra α é dado por:

Figura 10.5 — Barra feita de dois materiais diferentes.

Fonte: IFAL (2010).

(a) $\alpha = \alpha_A + \alpha_B$.
(b) $\alpha = \frac{\alpha_A}{3} + \alpha_B$.
(c) $\alpha = \frac{\alpha_A + 3.\alpha_B}{4}$.
(d) $\alpha = \alpha_A + \frac{\alpha_B}{3}$.
(e) $\alpha = \alpha_A + 3.\alpha_B$.

10.6 (IFAL - Edital 01/2010)

Um recipiente de ferro contém até a borda $500 \ cm^3$ de um líquido, no instante de maior temperatura do conjunto (recipiente + líquido). A temperatura em $°C$ do conjunto em um determinado dia varia de acordo com o tempo, dado pela função $f(t) = 50t^3 - 300t^2 + 450t + 50$. O coeficiente de dilatação linear do ferro é $1,2 * 10^{-5} \ °C^{-1}$ e o coeficiente de dilatação volumétrica do líquido é $1,1 * 10^{-3} \ °C^{-1}$. Sabendo-se que não houve mudança de estado, pode-se dizer que o espaço vazio no recipiente no instante de menor temperatura é:

(a) $108,8 \ cm^3$.
(b) $106,4 \ cm^3$.
(c) $102,6 \ cm^3$.
(d) $57,6 \ cm^3$.
(e) $48,8 \ cm^3$.

Sugestão de Solução.

Solução em vídeo.

10.7 (IFAL - Edital 01/2010)

Responda as questões abaixo.

a) Faça uma exposição escrita explicando, do ponto de vista de sua estrutura interna, por que e como os sólidos e os líquidos se dilatam quando aquecidos. Existe alguma exceção neste comportamento? Explique.

b) Considerando um cubo constituído de certo material sólido, com um coeficiente de dilatação linear α, demonstre que o coeficiente de dilatação volumétrica γ do material que constitui o cubo é dado por $\gamma = 3\alpha$.

10.8 (C.P.II-RJ - Edital 02/2013)

Uma barra é construída soldando-se três pedaços de barras diferentes. O primeiro pedaço tem tamanho L e coeficiente de dilatação linear $3k$. O segundo pedaço tem tamanho $2L$ e coeficiente de dilatação linear $2k$ e o terceiro pedaço, comprimento $3L$ e coeficiente de dilatação linear k. Desprezando-se a dilatação das soldas, podemos afirmar que o coeficiente de dilatação linear da barra composta dos três pedaços é:
(a) $\frac{3K}{5}$.
(b) $\frac{2k}{3}$.
(c) $\frac{3k}{2}$.
(d) $\frac{5k}{3}$.

10.9 (C.P.II-RJ - Edital 08/2008)

Assinale a alternativa correta:
(a) Um pêndulo metálico terá seu período aumentado quando for aquecido.
(b) Um anel metálico quando aquecido tem sua área interna diminuída.
(c) A densidade da água tende a diminuir quando aquecida de $0\ °C$ a $4,0\ °C$.
(d) Uma trena metálica calibrada a $0\ °C$ acusa a $40\ °C$ leituras superiores àquelas que seriam obtidas a $0\ °C$.

10.10 (MSCONCURSOS/IFAM - Edital 005/2013)

Testes com uma nova liga metálica apresentam crescimento de 2 % sem deformação, quando há variação de $32\ °F$. O seu coeficiente de dilatação linear, com esses dados, será de
(a) $0,00112\ °C^{-1}$.

(b) $0,112 \ °C^{-1}$.
(c) $0,0625 \ K^{-1}$.
(d) $0,0625 \ °F^{-1}$.
(e) $0,000625 \ °F$.

10.11 (AOCP - IFPA - Edital 003/2009)

Assinale a alternativa correta. A água, no intervalo de temperaturas entre $0 \ °C$ e $4 \ °C$:
(a) se contrai quando congela como a maioria dos líquidos.
(b) diminui de volume com o aumento de temperatura.
(c) tem densidade constante independente das condições.
(d) não se expande quando aquecida.
(e) nenhuma das alternativas anteriores.

Sugestão de solução.
A água, no intervalo de $0 \ °C$ a $4 \ °C$ apresenta uma anomalia.
Quando a temperatura aumenta, diminui o volume: $0 \ °C \to 4 \ °C$ (contração).
Quando a temperatura diminui, aumenta o volume: $0 \ °C \to 4 \ °C$ (dilatação).
Resposta: **item (b)**

10.12 (FUNRIO/IFPI - Téc. Lab. - 2014)

A figura abaixo representa uma lâmina bimetálica formada por duas lâminas de metais distintos, com comprimentos idênticos, espessuras muito finas e fortemente ligadas. Uma aplicação muito comum é utilizá-la como termostato, onde se promove uma curvatura que possibilita desligar ou ligar um determinado circuito. Os metais A e B da liga representada possuem coeficientes de dilatação linear diferentes, sendo $\alpha_A > \alpha_B$. Considerando que à temperatura ambiente a lâmina encontra-se na horizontal, conforme a figura, se a temperatura for aumentada, podemos afirmar que esta:

Figura 10.12 — Lâmina bimetálica à temperatura ambiente.

Fonte: Funrio (2014).

(a) curvar-se-á para cima.
(b) curvar-se-á para baixo.
(c) continuará na horizontal.
(d) curvar-se-á para a direita.
(e) curvar-se-á para a esquerda.

Sugestão de solução.
Sempre que uma curva envolve outra, a de fora é a curva de maior comprimento. Sendo assim, como a lâmina A dilata mais, ela será a mais externa e o par envergará para baixo.
Resposta: **item (b)**.

10.13 (IFPB - Edital 02/2009)

Uma barra é composta por três pedaços de barras justapostas linearmente, de mesmos diâmetros, mas de materiais e comprimentos diferentes. São conhecidos os coeficientes de dilatação linear α_1, α_2, α_3, do material de que é feito cada pedaço da barra e os respectivos comprimentos L_1, L_2, L_3, onde $L = L_1 + L_2 + L_3$. Com esses dados, podemos encontrar um coeficiente de dilatação linear efetivo α para esta barra. Esse coeficiente vale:

Figura 10.13 — Barra composta.

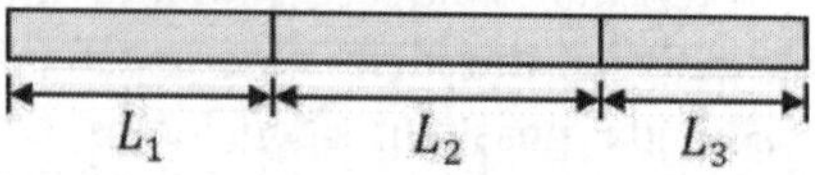

Fonte: IFPB (2009).

(a) $\alpha = \frac{\alpha_1 L_1 + \alpha_2 L_2 + \alpha_3 L_3}{L}$.
(b) $\alpha = \frac{2\alpha_1 L_1 + \alpha_2 L_2 + 3\alpha_3 L_3}{L}$.

(c) $= \frac{\alpha_1 L_1 + \alpha_2 L_2 + \alpha_3 L_3}{2L}$.
(d) $\alpha = \frac{\alpha_1 L_1 + 4\alpha_2 L_2 + \alpha_3 L_3}{L}$.
(e) $\alpha = \frac{\alpha_1 L_1 + 2\alpha_2 L_2 + 4\alpha_3 L_3}{3L}$.

Sugestão de solução.
Sejam as dilatações:
$$\Delta L_1 = L_1 \alpha_1 \Delta\theta;$$
$$\Delta L_2 = L_2 \alpha_2 \Delta\theta;$$
$$\Delta L_3 = L_3 \alpha_3 \Delta\theta.$$

A dilatação total será:

$$\Delta L = \Delta L_1 + \Delta L_2 + \Delta L_3 = (L_1\alpha_1 + L_2\alpha_2 + L_3\alpha_3)\Delta\theta,$$

$$(L_1 + L_2 + L_3)\alpha\Delta\theta = (L_1\alpha_2 + L_2\alpha_2 + L_3\alpha_3)\Delta\theta,$$

$$\alpha = \frac{L_1\alpha_1 + L_2\alpha_2 + L_3\alpha_3}{L_1 + L_2 + L_3}.$$

Rearranjando,
$$\alpha = \frac{\alpha_1 L_1 + \alpha_2 L_2 + \alpha_3 L_3}{L}.$$

Resposta: **item (a)**.

10.14 (IFPB - Edital 02/2009)

Suponha que você tenha, completamente cheio de um líquido, um recipiente que, quando aquecido, faz com que o líquido transborde um pouco (não há mudança de estado físico). O volume do líquido transbordado corresponde à:
(a) dilatação absoluta do líquido mais a do recipiente.
(b) dilatação absoluta do líquido.
(c) dilatação aparente do recipiente.
(d) dilatação absoluta do recipiente.
(e) dilatação aparente do líquido.

Sugestão de solução.

Nós podemos resolver facilmente esta questão com um exemplo didático: imagine um recipiente de 999 cm^3 completamente cheio de um líquido. Imagine que, ao aquecê-lo, tanto o recipiente quanto o líquido dilatem, de modo que o volume final do recipiente cheio é de 1000 cm^3 com 4 cm^3 de líquido tendo extravasado. Na realidade, o recipiente dilatou 1 cm^3, enquanto o líquido dilatou $1 + 4 = 5\ cm^3$, logo esse volume que transbordou (4 cm^3) representa exatamente **a dilatação aparente do líquido**, como se o recipiente não tivesse dilatado.
Resposta: **item (e)**.

10.15 (IFPB - Edital 334/2013)

Considere dois postes usados no transporte de energia elétrica de uma concessionária local. Ligando esses postes, temos um fio de cobre medindo 15 m de comprimento, cujo coeficiente de dilatação linear é considerado igual a $117*10^{-6}\ °C^{-1}$. Com base nessas informações, para este fio é CORRETO afirmar que:
(a) O coeficiente de dilatação linear varia linearmente com a temperatura.
(b) Quando há um aumento na temperatura, o coeficiente de dilatação aumenta exponencialmente.
(c) Para o coeficiente de dilatação linear considerado, um aumento (ou diminuição) de 1 $°C$ na temperatura provoca um aumento (ou diminuição) de $17*10^{-6}m$ em cada metro do comprimento inicial do fio.
(d) Quando a temperatura diminui, o coeficiente de dilatação diminui exponencialmente.
(e) Apenas quando a temperatura aumenta, há uma variação no coeficiente de dilatação linear.

Sugestão de solução.
a) INCORRETO. Se formos rigorosos, diremos que o coeficiente de dilatação linear varia aproximadamente de forma linear com a temperatura.

b) INCORRETO. O que aumenta exponencialmente é o comprimento do fio, não obrigatoriamente o seu coeficiente de dilatação.

c) CORRETO. $\Delta L = L_0 \Delta T \alpha$. Se $L_0 = 1\ m$ e $\Delta T = 1\ °C$, então ΔL será numericamente igual a α.

d) INCORRETO. O coeficiente de dilatação linear de um material qualquer não necessariamente variará exponencialmente com a temperatura. No caso do cobre, existem inúmeras variações com grades cristalinas diferentes, e que dilatam de forma ligeiramente diferente.

e) INCORRETO. A dilatação linear dos metais é bidirecional.

Resposta: **item (c)**.

10.16 (IFRN – Edital 12/2011)

Um recipiente cilíndrico de capacidade $200\ ml$ cujo material tem um coeficiente de dilatação volumétrica $2,0 * 10^{-5}\ °C^{-1}$ está completamente cheio com um pedaço de metal de densidade $5000 \frac{kg}{m^3}$, coeficiente de dilatação volumétrico $1,0 * 10^{-5}\ °C^{-1}$ e um líquido cuja densidade é $1500 \frac{kg}{m^3}$ e o coeficiente de dilatação volumétrico é $1,0 * 10^{-45}\ °C^{-1}$. Admita que o sistema seja submetido a variações de temperatura tais que os valores dos coeficientes de dilatação permaneçam constantes e que o líquido e o corpo continuem a preencher completamente o volume interno do recipiente. A razão que deve existir entre a massa M_m do metal e a massa M_l do líquido para que isso ocorra é

(a) 80/3.
(b) 8.
(c) 15/4.
(d) 4.

Sugestão de solução. Para ocorrer o que foi descrito, devemos ter:

$$\Delta V_R = \Delta V_l + \Delta V_M \Rightarrow V_{0R}\gamma_R \Delta\theta = V_{0l}\gamma_l \Delta\theta + V_{0M}\gamma_M \Delta\theta$$

$$\Rightarrow V_{0R}\gamma_R = V_{0l}\gamma_l + V_{0M}\gamma_M$$

$$\Rightarrow 400 * 10^{-5} = 10^{-4} V_{0l} + 200 * 10^{-5} - 10^{-5} V_{0l} \Rightarrow 9V_{0l} = 200$$

$$V_{0l} = \frac{200}{9}ml,$$

daí,

$$V_{0M} = V_{0R} - V_{0l} = 200 - \frac{200}{9} = \frac{1800 - 200}{9} = \frac{1600}{9}ml,$$

$$V_{0M} = \frac{1600}{9}ml.$$

Uma vez que foram dadas as densidades do metal e do líquido, temos:

$$\begin{cases} M_M = d_M \cdot V_{0M} = \left(5000\frac{kg}{m^3}\right)\left(\frac{1600}{9}ml\right) \\ \quad = \left(\frac{5*10^3}{9}\frac{kg}{m^3}\right)(1,6*10^3 ml)\left(\frac{10^{-6}m^3}{1\,ml}\right), \\ M_l = d_l \cdot V_{0l} = \left(1500\frac{kg}{m^3}\right)\left(\frac{200}{9}ml\right) \\ \quad = \left(\frac{1,5*10^3}{9}\frac{kg}{m^3}\right)(2*10^2 ml)\left(\frac{10^{-6}m^3}{1\,ml}\right), \end{cases}$$

$$\Rightarrow \begin{cases} M_M = \frac{8}{9}kg, \\ M_l = \frac{0,3}{9}kg, \end{cases} \Rightarrow \frac{M_M}{M_l} = \frac{8}{9}\left(\frac{9}{0,3}\right),$$

$$\frac{M_M}{M_l} = \frac{80}{3}.$$

Resposta: **item (a)**.

10.17 (CEFET-RN - 2006)

Uma escala de aço está calibrada a $20\,°C$. Em um dia frio, quando a temperatura é $-15\,°C$, a porcentagem de erro da escala será:
(a) $-0,12\,\%$.
(b) $-0,042\,\%$.

(c) $-1,2$ %.
(d) $-2,1$ %.
(e) $+0,042$ %.
Sugestão de Solução.

Solução em vídeo.

10.18 (IFRN - Edital 06/2015)

O estudo da dilatação térmica linear e superficial, para pequenas variações de temperatura, pode ser representado de forma reduzida pelas equações I e II, expostas abaixo.

$$\Delta L = L_0 \alpha \Delta t, \qquad \text{(I)}$$
$$\Delta A = 2 A_0 \alpha \Delta t. \qquad \text{(II)}$$

Nessas equações, considere:
- ΔL = dilatação térmica linear;
- ΔA = dilatação térmica superficial;
- L_0 = comprimento inicial;
- A_0 = área inicial;
- α = coeficiente de dilatação térmica linear; e
- Δt = variação de temperatura.

A equação (II) pode ser obtida a partir da equação (I), combinada com qualquer área de uma figura plana, com a supressão da parcela:
(a) $A_0 \alpha \Delta t^2$.
(b) $A_0 \alpha^2 \Delta t$.
(c) $(A_0 \alpha \Delta t)^2$.
(d) $A_0 \alpha^2 \Delta t^2$.

Sugestão de solução.

Pensando inicialmente em um quadrado,

$$L = L_0 + L_0\alpha\Delta\theta \Rightarrow L^2 = (L_0 + L_0\alpha\Delta\theta)^2$$

$$L^2 = L_0^2 + L_0^2\alpha^2\Delta\theta^2 + 2L_0^2\alpha\Delta\theta.$$

Desprezando a parcela

$$L_0^2\alpha^2\Delta\theta^2,$$

obtemos a aproximação

$$L^2 \cong L_0^2 + 2L_0^2\alpha\Delta\theta.$$

Ou seja,

$$A = A_0 + 2A_0\alpha\Delta\theta$$
$$\Delta A = 2A_0\alpha\Delta\theta.$$

Podemos facilmente estender essa relação para qualquer forma geométrica, bastando, para isso, considerarmos esses quadrados como quadrados elementares.
Resposta: **item (d)**.

10.19 (IBC – Edital 04/2012)

A 20 °C duas barras, A e B, possuem o mesmo comprimento. Aquecendo-se A a 120 °C e B, a 450 °C, A apresenta variação de comprimento 4 vezes menor que B. O coeficiente de dilatação linear de A vale $3 * 10^{-7}$ °C^{-1}. Nesta situação a razão entre os coeficientes de dilatação da barra B e da Barra A vale, aproximadamente:
(a) 1, 6.
(b) 2, 0.
(c) 2, 8.
(d) 3, 2.
(e) 3, 8.

Sugestão de solução.

Pelo enunciado, temos que:

$$[4l_{0A}\alpha_A(120-20)] = [l_{0B}\alpha_B(450-20)] \Rightarrow 400\alpha_A = 430\alpha_B$$

$$\frac{\alpha_B}{\alpha_A} = \frac{430}{400} = 1,075.$$

A item que mais se aproxima é o item (a), no entanto não é uma boa aproximação. A questão foi anulada no presente certame.

10.20 (IBC - Edital 04/2012)

Informe se é verdadeiro (V) ou falso (F) o que se afirma a seguir e assinale a alternativa com a sequência correta.
( ) A dilatação aparente de um líquido mede a razão entre o volume interno do recipiente e o volume que o líquido ocupa no recipiente.
( ) A massa específica de uma substância varia na razão inversa do binômio de dilatação volumétrica.
( ) Tem maior resistência a choques térmicos, vidros que possuem pequeno coeficiente de dilatação térmica.
( ) Corpos homogêneos ocos se dilatam mais que os maciços, de mesmo material, porque se aquecem mais rapidamente.
(a) V -F - F -V.
(b) F -V - V- F.
(c) F -F - V - V.
(d) V - F - F - F.
(e) V - V - F - F.

Sugestão de solução.
(F) A dilatação aparente de um líquido corresponde à diferença entre a variação de volume do líquido e a variação de volume do recipiente,

$$V_{Aparente} = \Delta V_{Líquido} - \Delta V_{Recipiente}.$$

(V) $\rho = \frac{m}{V} = \frac{m}{V_0(1+\gamma\Delta\theta)}$.

(V) Tensão térmica: $\frac{F}{A} = -Y\alpha\Delta\theta$.

Quanto menor α, menor a tensão e maior a resistência. Alguns vidros resistentes ao calor, como o vidro pirex, possuem coeficientes de dilatação extremamente pequenos e resistências elevadas.

(F) Quando um objeto passa por dilatação térmica, quaisquer buracos existentes também se dilatarão na mesma proporção que sua parte sólida.

Resposta: **item (b)**.

10.21 (IFC - Edital 001/2009)

Um relógio de pêndulo simples é montado no pátio de um laboratório em Novosibirsk na Sibéria, utilizando um fio de suspensão de coeficiente de dilatação $1 * 10^{-5} \, °C^{-1}$. O pêndulo é calibrado para marcar a hora certa em um bonito dia de versão de 20 °C. Em um dos menos agradáveis dias do inverno, com a temperatura a $-40 \, °C$, o relógio:

(a) Atrasa 52 s por dia.
(b) Adianta 52 s por dia.
(c) Atrasa 26 s por dia.
(d) Adianta 26 s por dia.

Sugestão de solução.
O período do relógio contraído é dado por

$$T = 2\pi \sqrt{\frac{L_0 \left(1 + \alpha \Delta \theta\right)}{g}} = \sqrt{1 + \alpha \Delta \theta} T_0$$

$$T = \sqrt{1 + 10^{-5}\left(-60\right)} T_0 = 0,999699955 T_0$$

$$\Delta T = -3,00045 * 10^{-4} T_0.$$

Em um determinado período de tempo,

$$\Delta t = -3,00045 * 10^{-4} t_0.$$

Em um dia completo, contabilizando o adiantamento em segundos,

$$\Delta t = \left(-3,00045 * 10^{-4}\right) \left(24 * 60 * 60\right) \frac{s}{dia}$$

$$\therefore \Delta t \cong -25,92 \cong 26\frac{s}{dia}.$$

Resposta: **item (d)**.

10.22 (IFSul - Edital 067/2014)

Um termômetro tem o bulbo e o tubo capilar de vidro e contém um volume V_0 de mercúrio. Uma variação na temperatura de ΔT altera o nível de mercúrio no tubo capilar de Δh. Considerando γ_{Hg} o coeficiente de dilatação volumétrica do mercúrio e α_V o coeficiente de dilatação linear do vidro, e desprezando as variações na área do tubo capilar e os efeitos de capilaridade e tensão superficial, seu diâmetro interno é igual a:

(a) $\sqrt{\frac{4V_0\Delta T(\gamma_{Hg}-3\alpha V)}{\pi\Delta h}}$.

(b) $\sqrt{\frac{V_0\Delta T(\gamma_{Hg}-3\alpha V)}{\pi\Delta h}}$.

(c) $\sqrt{\frac{4V_0\Delta T(\gamma_{Hg}-\alpha V)}{\pi\Delta h}}$.

(d) $\sqrt{\frac{V_0\Delta T(\gamma_{Hg}-\alpha V)}{\pi\Delta h}}$.

10.23 (IFG - Edital 122/2012)

Uma liga metálica de coeficiente de dilatação linear α tem 20 cm de comprimento a 20 °C, quando levada ao forno a uma temperatura 270 °C, seu comprimento aumenta para 20,1 cm. Um cubo feito da mesma liga metálica com aresta de 20 cm a 20 °C também elevado ao forno a 270 °C sofrerá uma variação volumétrica de:

(a) 10 cm^3.
(b) 200 cm^3.
(c) 1000 cm^3.
(d) 120 cm^3.
(e) 0,01 cm^3.

Sugestão de solução.

Cubo no início:
$$V_0 = (20cm)^3 = 8000\ cm^3.$$

Cubo no final:
$$V = (20,1cm)^3 = 8120,601\ cm^3.$$

Dilatação:
$$\Delta V = 8120,601\ cm^3 - 8000\ cm^3 \cong 120,6\ cm^3 \cong 120\ cm^3.$$

Resposta: **item (d)**.

Comentário.
Em virtude das opções disponibilizadas, foi necessário arredondar o resultado para baixo.

10.24 (IFMG - Edital 149/2014)

As juntas de dilatação em linhas férreas têm como base para cálculo o:
(a) coeficiente de dilatação volumétrica.
(b) coeficiente de dilatação superficial.
(c) coeficiente de dilatação linear.
(d) calor latente.
(e) calor específico.

Sugestão de solução.
O grande problema das linhas férreas é que a amplitude térmica ambiente interfere no alinhamento dos trilhos e pode causar descarrilamento nas composições ferroviárias, daí o uso de bitolas, que são folgas entre dormentes para possibilitar dilatações e contrações não deformantes e garantir, assim, a segurança do transporte ferroviário.
Resposta: **item (c)**.

10.25 (IFNMG/Téc. Lab. Física - Edital 116/2012)

Quanto aos coeficientes de dilatação térmicos α (linear), β (superficial) e γ (volumétrico), é correto afirmar que a relação entre ele é:
(a) $\frac{\alpha}{1} = \frac{\beta}{2} = \frac{\gamma}{2}$.
(b) $\frac{\alpha}{1} = \frac{\beta}{3} = \frac{\gamma}{3}$.
(c) $\frac{\alpha}{3} = \frac{\beta}{2} = \frac{\gamma}{1}$.
(d) $\frac{\alpha}{1} = \frac{\beta}{2} = \frac{\gamma}{3}$.

Sugestão de solução.
Comparando:
$$L = L_0 (1 + \alpha\Delta\theta),$$
$$A = A_0 (1 + 2\alpha\Delta\theta),$$
$$V = V_0 (1 + 3\alpha\Delta\theta).$$

Sendo assim,
$$\beta = 2\alpha \text{ e } \gamma = 3\alpha.$$

Ou seja,
$$\frac{\alpha}{1} = \frac{\beta}{2} = \frac{\gamma}{3}$$

Resposta: **item (d)**.

10.26 (IFPE - Edital 12/2009)

Uma barra retilínea é formada pela junção de uma barra de zinco e uma de alumínio. A 30 $°C$, o comprimento total da barra é 50 cm, dos quais 30 cm de zinco e 20 cm de alumínio. Os coeficientes de dilatação linear são $26 * 10^{-6}$ $°C^{-1}$ para o zinco e $22 * 10^{-6}$ $°C^{-1}$ para o alumínio. Qual é o coeficiente de dilatação linear da barra assim formada em unidades de $10^{-6}°C$?
(a) $24, 4$.
(b) $21, 5$.
(c) $22, 9$.
(d) $23, 6$.

(e) $25,2$.

Sugestão de solução.
A dilatação conjunta fica

$$\Delta L = \Delta L_{Al} + \Delta L_{Zn}$$

$$\Rightarrow (L_{0Al} + L_{0Zn})\,\alpha\Delta\theta = L_{0Al}\alpha_{Al}\Delta\theta + L_{0Zn}\alpha_{Zn}\Delta\theta$$

$$\alpha = \frac{L_{0Al}\alpha_{Al} + L_{0Zn}\alpha_{Zn}}{L_{0Al} + L_{0Zn}} = \frac{20*22*10^{-6} + 30*26*10^{-6}}{20+30}$$

$$\alpha = 24,4*10^{-6}\ {}^\circ C^{-1}.$$

Resposta: **item (a)**.

Comentário.
O resultado fornecido ignora eventuais incertezas de medição.

10.27 (IFPE - Edital 26/2012)

Considere a seguinte situação: um aluno utilizou uma régua de aço que estava esquecida ao sol durante um período, o que elevou a temperatura do instrumento para $104\ {}^\circ F$, para medir o comprimento de um fio que também estava na mesma temperatura, encontrando $20\ cm$. O erro relativo percentual, aproximadamente, se a régua foi graduada a $20\ {}^\circ C$, é de:
Dado: $\alpha_{aço} = 12*10^{-6}\ {}^\circ C^{-1}$
(a) $0,24\%$.
(b) $2,4\%$.
(c) $0,024\%$.
(d) 24%.
(e) $0,0024\%$.

Sugestão de solução.
Régua a $40\,{}^\circ C$ $(=104^\circ F)$:
Régua a $20\,{}^\circ C$:

Figura 10.27 — Ilustração.

Fonte: Os autores (2022).

$$\Delta L = L_0 \alpha \Delta \theta = 20 * 12 * 10^{-6} * 20 = 4,8 * 10^{-3},$$

$$\Delta L = 0,0048 cm,$$

$$\frac{\Delta L}{L_0} = \frac{0,0048}{20} = 0,00024 = 0,024\%.$$

Resposta: **item (c)**.

10.28 (CESPE/UnB – SEDUC-CE – 2009)

Algumas vezes, a dilatação dos corpos pode provocar resultados inesperados, como divergências de resultados obtidos ao se medir uma abertura em uma régua metálica sob condições de temperatura variável durante o dia. Na régua mostrada na figura a seguir, foi medida a área do espaço vazio quadrado, na parte da manhã, a uma temperatura ambiente de 10 °C, quando se obteve um valor A_0. A área final A_1 foi obtida ao se medir a área do mesmo quadrado na parte da tarde, quando a temperatura era de 20 °C.

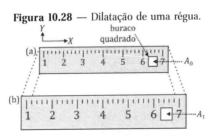

Figura 10.28 — Dilatação de uma régua.

Fonte: Cespe/UnB (2009).

Considerando que o material da régua seja homogêneo e tenha coeficiente de dilatação linear é igual a $25*10^{-6}\,°C^{-1}$, é correto afirmar que a medida final A_1 apresentou aumento relativo à medida inicial A_0 igual a:
(a) $0,01\%$.
(b) $0,02\%$.
(c) $0,03\%$.
(d) $0,05\%$.

Sugestão de solução.
Dilatação superficial:

$$\Delta A_1 = A_0.2\alpha.\Delta T \Rightarrow \frac{\Delta A_1}{A_0} = 2\alpha.\Delta T = 2.25*10^{-6}*10 = +0,05\%.$$

Resposta: **item (d)**.

10.29 (SEDUC-CE – 2013)

Um vasilhame de cobre com capacidade de um litro e cujo coeficiente de dilatação é $17*10^{-6}\,°C^{-1}$ foi completamente preenchido com líquido cujo coeficiente de dilatação volumétrica é igual a $5*10^{-4}\,°C^{-1}$. Inicialmente, o sistema (vasilhame + líquido) estava em equilíbrio térmico a $20\,°C$. Considerando essas informações, assinale a opção que apresenta, de forma aproximada, a quantidade, em mL, de líquido que transbordará quando a temperatura do sistema se elevar a $40\,°C$.
(a) $4,30$.
(b) $2,45$.
(c) $8,98$.
(d) $5,32$.
(e) $6,76$.

Sugestão de solução.
Dados:
$V_0 = 1000\ ml$
$\alpha_R = 17*10^{-6}\,°C^{-1}$

$\gamma_L = 500 * 10^{-6} {}^\circ C^{-1}$
$T_0 = 20\ ^\circ C$
$T = 40\ ^\circ C$
Calculando o volume que extravasa com o aquecimento,

$$\Delta V_{Ap} = \Delta V_L - \Delta V_R = \gamma_L V_0 \Delta T - \gamma_R V_0 \Delta T,$$

$$\Delta V_{Ap} = (\gamma_L - \gamma_R) V_0 \Delta T.$$

Substituindo os dados fornecidos no problema,

$$\Delta V_{Ap} = (500 - 3*17) * 10^{-6} * 1000 * 20 = 898 * 10^{-2} ml,$$

$$\Delta V_{Ap} = 8,98\ ml.$$

Resposta: **item (c)**.
Comentário.
O resultado acima ignora eventuais incertezas de medição.

10.30 (IFRS - Edital 011/2013)

Três cilindros 1, 2 e 3 centrados no mesmo eixo, respectivamente constituídos de Alumínio, latão e cobre, estão anexados no extremo em A, os extremos C, D e E são livres para se dilatarem.
Os coeficientes de dilatação superficial são:

$$\beta_{\text{Alumínio}} = 44,0\ \mu^\circ C^{-1};$$
$$\beta_{\text{Latão}} = 38,0\ \mu^\circ C^{-1};$$
$$\beta_{\text{Cobre}} = 34,0\ \mu^\circ C^{-1}.$$

Os diâmetros iniciais dos cilindros 1, 2 e 3:

$$D_1 = 0,7\ m;$$
$$D_2 = 0,4\ m;$$
$$D_3 = 0,3\ m.$$

Após um aquecimento de 100 °C, percebe-se que a distância $\overline{BD}$ variou 6 mm e que $\overline{BE}$ vale:
(a) 6,007 m
(b) 5,55 m
(c) 5,013 m
(d) 5,16 m
(e) 6,23 m.

10.31 (IFRS - Edital 19/2016)

Duas barras metálicas finas, de mesma espessura, foram soldadas uma à outra pelas suas extremidades. Uma das barras é de chumbo e a outra de platina. Essa nova barra foi colocada ao lado de uma barra de cobre, de dimensões idênticas, e verificou-se que a nova barra tem sempre o mesmo comprimento da barra de cobre a qualquer temperatura, como mostra a figura abaixo.
Sendo:

- Comprimento da nova barra (chumbo + platina) a 20° C igual a 80 cm;

- Comprimento da barra de cobre a 20 °C igual a 80 cm;

- $\alpha_{chumbo} = 2,7 * 10^{-5} \ °C^{-1}$, $\alpha_{platina} = 9,0 * 10^{-6} \ °C^{-1}$, $\alpha_{cobre} = 1,7 * 10^{-5} \ °C^{-1}$.

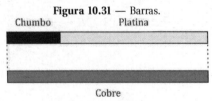

Figura 10.31 — Barras.
Fonte: IFRS (2016).

O comprimento inicial das barras de chumbo e de platina, antes de serem soldadas uma à outra, são, respectivamente:

(a) 44,4 cm e 35,6 cm.
(b) 35,6 cm e 44,4 cm.
(c) 26,6 cm e 53,4 cm.
(d) 53,4 cm e 26,6 cm.
(e) 21,8 cm e 58,2 cm.
Sugestão de solução.
Igualando as dilatações:

$$(80)\left(1 + \alpha_{Cu}\Delta T\right) = L_{0Pb}\left(1 + \alpha_{Pb}\Delta T\right) + L_{0Pt}\left(1 + \alpha_{Pt}\Delta T\right)$$

Considerando que $L_{0Pb} = 80 - L_{0Pt}$, podemos escrever

$$80.\left(1 + 1,7*10^{-5}\Delta T\right)$$
$$= (80 - L_{0Pt}).\left(1 + 2,7*10^{-5}\Delta T\right) + L_{0Pt}.\left(1 + 9*10^{-6}\Delta T\right)$$
$$80.1,7*10^{-5} = 80*2,7*10^{-5} - L_{0Pt}\left(2,7*10^{-5}\right) + L_{0Pt}\left(9*10^{-6}\right)$$
$$L_{0Pt}18*10^{-6} = 80*10^{-5}$$
$$L_{0Pt} = 44,44\ cm.$$

E ainda,
$$L_{0Pb} = 80 - 44,44 = 35,56\ cm.$$

Resposta: **item (b)**.
Comentário.
O resultado acima ignora eventuais incertezas de medição.

10.32 (IFTO/ Téc. Lab. Física - Edital 011/ 2009)

Uma placa metálica quadrada de lado $4R$ possui um furo circular em sua superfície de raio R, estando inicialmente a uma temperatura T_0. Ela é levada ao forno até atingir a temperatura $T = 2T_0$. Desprezando o aumento na sua espessura, podemos afirmar que:
(a) o furo diminuiu o seu diâmetro.
(b) o furo aumentou o seu diâmetro.
(c) o furo manteve-se no tamanho inicial.

(d) o furo diminuiu o seu diâmetro de um valor igual a $\frac{R}{2}$.
(e) o furo diminuiu o seu diâmetro de um valor igual a $2R$.
Sugestão de solução.
O furo dilata exatamente como se a região considerada estivesse preenchida, de modo que o seu novo diâmetro será $D = 2R.(1 + \alpha.T_0) > 2R$.
Resposta: **item (d)**.

10.33 (IFTO/ Téc. Lab. Física - Edital 011/2009)

Quando a temperatura de uma esfera metálica aumenta de 0 °C para 200 °C, seu volume aumenta de $0,25\%$. Das alternativas abaixo, a que representa a variação percentual da densidade desse metal é:
(a) 0%.
(b) $0,03\%$.
(c) $0,25\%$.
(d) $2,5\%$.
(e) 25%.
Sugestão de solução.
Volume:

$$\frac{\Delta V}{V_0} = +0,0025 \Rightarrow \frac{V - V_0}{V_0} = +0,25 \Rightarrow V = 1,0025 V_0.$$

Densidade:

$$\frac{\Delta d}{d_0} = \frac{d - d_0}{d_0} = \frac{d}{d_0} - 1 = \frac{m/V}{m/V_0} - 1 \Rightarrow \frac{\Delta d}{d_0} = \frac{V_0}{V} - 1.$$

Ou seja,

$$\frac{\Delta d}{d_0} = \frac{V_0}{1,0025.V_0} - 1 \quad \therefore \quad \frac{\Delta d}{d_0} \cong -0,2494\%.$$

Resposta: **item (c)**.

10.34 (IFTO - Edital 08/2012)

Sabendo que uma placa de alumínio tem área de 200 cm^2 à temperatura de 20 ℃, a área dessa placa a 120 ℃ será, sabendo que o coeficiente de dilatação linear do alumínio $= 23.10^{-6}\ °C^{-1}$.
(a) $200,92\ cm^2$.
(b) $292\ cm^2$.
(c) $200,99\ cm^2$.
(d) $209,2\ cm^2$.

Sugestão de solução.
Dados:
$A_0 = 200\ cm^2$
$T_0 = 20\ °C$
$T = 120\ °C$
$\alpha = 23 * 10^{-6}\ °C^{-1}$
$A = ?$
Dilatação:

$$A = A_0\left(1 + 2\alpha\Delta T\right) = 200\left(1 + 2*23*10^{-6}*100\right),$$

$$A = 200 + (200)\left(46*10^{-4}\right) = (200 + 0,92)\ cm^2,$$

$$A = 200,92\ m^2.$$

Resposta: **item (a)**.
Comentário.
O resultado acima ignora eventuais incertezas de medição.

10.35 (PPGF/UFSC - 2010.2)

Um relógio de pêndulo é calibrado para uma oscilação completa levar $2,0s$ a uma temperatura de 20 $°C$. Considere o pêndulo constituído de uma haste de latão de massa desprezível com um corpo pesado e de dimensão desprezível preso na extremidade (o coeficiente de dilatação linear do latão é $18 * 10^{-6}\ K^{-1}$). O atraso do relógio em um período de $24h$ num dia quente quando a temperatura for de 30 $°C$ é de:

(a) 4,0 s.
(b) 8,0 s.
(c) 12,0 s.
(d) 16,0 s.
(e) 24,0 s.

Sugestão de solução.

O período de oscilação de um pêndulo é dado pela equação,

$$T = 2\pi\sqrt{\frac{l}{g}}.$$

Para o período de oscilação de 2,0 s, tem-se que o comprimento da haste é dado por:

$$l_{20} = g\left(\frac{1}{\pi}\right)^2 = 1,0132 \ m.$$

Devido ao aumento em sua temperatura, o pêndulo dilata de

$$\Delta l = l_0 \alpha \Delta T = \left(18*10^{-6}\right)(1,0132)(10) = 1,8*10^{-4} \ m.$$

O comprimento do pêndulo a

$$30 \ °C$$

será:

$$l_{30} = l_{20} + \Delta l = 1,0132 \ m + 0,00018 m,$$

$$l_{30} = 1,0134 \ m.$$

O período do pêndulo a 30 °C será:

$$T_{30} = 2\pi\sqrt{\frac{1,0134}{10}} = 2,000186 \ s.$$

A variação do período do pêndulo devido ao aquecimento será

$$\Delta T = T_{30} - T_{20} = 1,86*10^{-4} s,$$

que dá o atraso em uma oscilação.

$$24h = 86400\ s,$$

$$\text{n}^\text{o} \text{ de oscilações em 24h} = \frac{86400\ s}{2,000186\ s} = 43195,9828,$$

$$\text{atraso} = 43195,9828 * 1,86 * 10^{-4} = 8,0345\ s \cong 8,0\ s.$$

Resposta: **item (b)**.

10.36 (IDECAN/SEEC-RN – Edital 001/2015)

Uma vasilha de vidro cujo volume é 720 ml contém uma certa quantidade de mercúrio e se encontra inicialmente a uma temperatura de 20 °C. Essa vasilha é então aquecida até atingir 80 °C e então verifica-se que o volume da parte vazia permanece constante. A quantidade de mercúrio contido nessa vasilha é:
(Dados: coeficiente de dilatação volumétrica do vidro = $25 * 10^{-6}$ °C^{-1}; coeficiente de dilatação volumétrica do mercúrio = $180 * 10^{-6}$ °C^{-1}.)
(a) 80 ml.
(b) 90 ml.
(c) 100 ml.
(d) 110 ml.
Sugestão de Solução.

Solução em vídeo.

10.37 (IDECAN/Perito Criminal-CE – 2021)

A ponte entre o Rio de Janeiro e Niterói foi inaugurada em 1974. Sua extensão total é de 13,29 km, sendo 8,83 km sobre a baía de Guanabara, e, em sua parte mais alta, no vão central, atinge 72 metros. O vão central é construído em aço e é constituído por sete seções que foram içadas ao topo dos pilares com o uso de macacos hidráulicos. Considerando que a maior das sete seções fabricadas em aço tem comprimento de 300 m e supondo que, ao longo de um determinado período, essa seção está sujeita a temperaturas que vão desde 12 °C no período mais frio até 42 °C à tarde, com a incidência direta de raios solares, qual é a variação total no comprimento dessa seção devida à variação térmica entre esses valores de temperatura?
(Usar coeficiente de dilatação térmica linear do aço igual a $1,2 * 10^{-5} K^{-1}$.)

(a) 108 cm.
(b) 12,0 cm.
(c) 36,0 mm.
(d) 108 mm.
(e) 75 mm.

10.38 (Perito Criminal-PI – NUCEPE/UESPI-2012)

Uma tira bimetálica é formada por uma tira de aço e uma tira de bronze, soldadas entre si, conforme a figura abaixo. Na temperatura inicial $T_0 = 20$ °C cada tira tem comprimento $L = 30,5$ cm e espessura $t = 0,50$ mm. A tira bimetálica é aquecida uniformemente ao longo do seu comprimento até atingir uma temperatura $T > T_0$, ocorrendo um encurvamento com raio de curvatura $R = 36,7 cm$. Os coeficientes de expansão térmica dos materiais são conhecidos ($a_{\text{bronze}} = 19 * 10^{-6} K^{-1}$ e $a_{\text{aço}} = 11 * 10^{-6} K^{-1}$). Assumindo que ocorre apenas dilatação linear, a temperatura aproximada da tira bimetálica após o aquecimento foi:

Figura 10.38 — Dilatação linear.

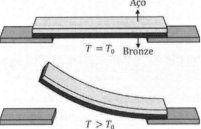

Fonte: Nucepe/Uespi (2012).

(a) 100 °C.
(b) 190 °C.
(c) 160 °C.
(d) 220 °C.
(e) 130 °C.

10.39 (Colégio Militar-MG - 2013)

Os motores da maioria dos automóveis têm pistões de alumínio que sobem e descem em cilindros de ferro fundido. Entre eles há uma pequena folga porque não é possível ao pistão vedar completamente o cilindro, pois o atrito seria elevado demais, mesmo havendo lubrificação. Para a vedação, empregam-se anéis que envolvem o pistão e atritam o mínimo possível com a parede do cilindro.
Coincidentemente, isso soluciona outro problema: o da diferença de dilatação térmica entre aquelas peças.
Tendo isso em mente, imagine um motor no qual os pistões tenham 100 mm de diâmetro e os cilindros, 101 mm, todos a 20 $°C$. Sabendo que o coeficiente de dilatação linear da liga de alumínio dos pistões vale $2,0*10^{-5}$ $°C^{-1}$ e que o da liga de ferro dos cilindros vale metade disso, a temperatura máxima que esse motor poderia atingir sem que os pistões vedassem os cilindros seria MAIS PRÓXIMA de:
(a) 500 $°C$.
(b) 1.000 $°C$.

(c) $1.500\ °C$.
(d) $1.750\ °C$.
(e) $2.000\ °C$.

10.40 (Colégio Militar-MG - 2013)

Um sistema termodinâmico pode ser expresso em função de suas variáveis de estado P, V e T, onde uma variação infinitesimal de um estado de equilíbrio para outro envolve uma variação de volume dV, uma variação de pressão dP e uma variação de temperatura dT. Podemos definir a pressão como constante, sendo β o coeficiente de dilatação volumétrica. Nessas condições, para um gás perfeito, o valor de β à pressão constante vale:
(a) PT.
(b) $\frac{1}{T}$.
(c) PT.
(d) $-\frac{1}{V}$.
(e) $\frac{V}{P}$.

10.41 (SEE/SGA-AC- FUNCAB - 2013)

Um recipiente de vidro, cujo coeficiente de dilatação linear médio é $9*10^{-6}\ °C^{-1}$, possui um volume de 200 cm^2 a 0 °C e encontra-se completamente cheio de um líquido. Ao ser aquecido até 200 °C, extravasam 10 cm^2 desse líquido. O coeficiente de dilatação aparente desse líquido é:
(a) $25*10^{-6}\ °C^{-1}$.
(b) $2,5*10^{-6}\ °C^{-1}$.
(c) $0,25*10^{-6}\ °C^{-1}$.
(d) $0,025*10^{-6}\ °C^{-1}$.
(e) $250*10^{-6}\ °C^{-1}$.

10.42 (SEE/SGA-AC- FUNCAB - 2013)

Um determinado material tem seu coeficiente de dilatação superficial dado por: $\beta = \frac{K}{6}°C^{-1}$, sendo K uma constante intrínseca desse material. A constante de dilatação volumétrica desse material é, então:

(a) $\gamma = \frac{5K}{6}°C^{-1}$.
(b) $\gamma = \frac{K}{4}°C^{-1}$.
(c) $\gamma = \frac{3K}{4}°C^{-1}$.
(d) $\gamma = \frac{K}{2}°C^{-1}$.
(e) $\gamma = \frac{K}{6}°C^{-1}$.

10.43 (FUNCAB - SEE-SGA/AC - 2013)

Em uma estação de esqui, o trecho final de uma rampa de saltos foi construído de acordo com o desenho abaixo, razão por que os esquiadores normalmente chegam no trecho em A com muita velocidade. Sabe-se que o comprimento da pilastra de sustentação B é 5 vezes maior que o da pilastra de sustentação A a 0 °C. Os coeficientes de dilatação de A e B são, respectivamente, α_A e α_B. Para que a rampa se mantenha com a mesma inclinação, sem, contudo, provocar acidentes, a relação entre α_A e α_B deve ser:

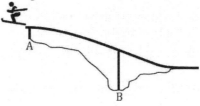

Figura 10.43 — Estação de esqui.

Fonte: Funcab (2013).

(a) $\alpha_A = 0,5\alpha_B$.
(b) $\alpha_A = 10\alpha_B$.
(c) $\alpha_A = 3\alpha_B$.
(d) $\alpha_A = \alpha_B$.
(e) $\alpha_A = 5\alpha_B$.

10.44 (CEFET-BA/Téc. Lab. Fís. – 2007)

Uma barra metálica sofre um aumento linear de $0,15\%$ quando ocorre uma variação de temperatura de $50\,°C$. Deste modo, pode-se concluir que o coeficiente de dilatação linear, em graus recíprocos, deste metal é de:
(a) $3 * 10^{-5}$.
(b) $3 * 10^{-4}$.
(c) $3 * 10^{-3}$.
(d) $3 * 10^{-2}$.
(e) $3 * 10^{-1}$.
Sugestão de Solução.

Solução em vídeo.

10.45 (UFSC – 2008)

Assinale a alternativa CORRETA.
(a) Um furo em uma chapa metálica diminui o seu diâmetro com a temperatura devido à dilatação do material.
(b) Ao aquecermos a água a partir de $0\,°C$ seu volume também aumentará continuamente.
(c) Os coeficientes de dilatação linear (α), superficial (β) e volumétrico (γ) relacionam-se de acordo com $\alpha = \frac{\beta}{2} = \frac{\gamma}{3}$.
(d) Os coeficientes de dilatação linear (α), superficial (β) e volumétrico (γ) relacionam-se de acordo com $\alpha = 2\beta = 3\gamma$.
(e) Um furo em uma chapa metálica pode aumentar ou diminuir seu diâmetro com a temperatura, dependendo unicamente do coeficiente de dilatação superficial (β) do material.
Sugestão de Solução.

Solução em vídeo.

10.46 (CESPE/CEBRASPE/SEDUC-AL – 2018)

A figura I mostra quatro fios condutores idênticos, de coeficiente de dilatação linear α, ligados na forma de um quadrado, e a figura II mostra uma chapa quadrada, de lado igual ao lado do quadrado da figura I, feito do mesmo material e homogêneo. Com base nessas informações, julgue os itens a seguir.

Figura 10.46 — Ilustração.

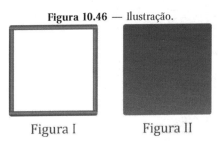

Figura I   Figura II

Fonte: Cespe/Cebraspe (2018).

( ) Considerando que os dois objetos estejam inicialmente a uma mesma temperatura, se a temperatura de ambos for homogeneamente aumentada em ΔT graus Celsius, a area do quadrado feito de fios aumentara mais que a área da chapa quadrada.
( ) O aumento da temperatura em qualquer um dos sistemas e fruto do aumento desordenado das velocidades de seus átomos.
( ) Se houvesse um furo quadrado na chapa, ao aquecer-se essa chapa, a área do furo seria aumentada exatamente na mesma proporção do aumento da chapa.
( ) Sabe-se que, no processo de dilatação do objeto quadrado homogêneo, sua entropia necessariamente aumenta.

10.47 (FUNCAB – Perito Criminal/Polícia Civil-AC – Edital 001/2015)

Podemos expressar a dilatação linear de um corpo através de um gráfico de seu comprimento (L) em função da temperatura (θ) e, portanto:

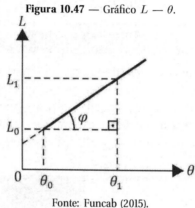

Figura 10.47 — Gráfico $L - \theta$.

Fonte: Funcab (2015).

Como a lei da dilatação é dada por:
$\Delta L = \alpha L_0 \Delta \theta$, sendo φ o ângulo de inclinação da reta, então, pelo gráfico, fica evidente que:
(a) $\tan \varphi = \alpha L_0$.
(b) $\cos \varphi = L_0$.
(c) $\tan \varphi = 0$.
(d) $\operatorname{cossec} \varphi = \alpha L_0$.
(e) $\operatorname{sen} \varphi = \alpha$.

10.48 (CGA-AC – FUNCAB – 2012)

Um tanque de ferro tem capacidade de 100.000 $litros$ a 0 °C e 100.144 $litros$ a 40 °C. O coeficiente de dilatação linear do ferro é:
(a) $2,4 * 10^{-6}$ °C.
(b) $1,2 * 10^{-5}$ °C.
(c) $2,4 * 10^{-5}$ °C.

(d) $1,2 * 10^{-6}\ °C$.
(e) $12 * 10^{-5}\ °C$.
Sugestão de Solução.

Solução em vídeo.

10.49 (CEPERJ – SEEDUC-RJ – 2015)

Um bloco está em repouso, à temperatura ambiente, sobre uma plataforma horizontal apoiada sobre duas barras verticais de $2\ m$ de comprimento, sendo uma de cobre (Cu) e outra de ferro (Fe), separadas por uma distância de $20\ cm$, como mostra a figura.

Figura 10.49 — Bloco em repouso em uma plataforma horizontal.

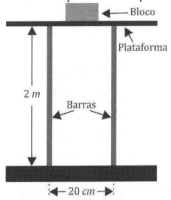

Fonte: Ceperj (2015).

Considere o bloco e a plataforma termicamente indilatáveis e os coeficientes de dilatação linear do cobre e do ferro respectivamente iguais a $16 * 10^{-6}\ °C^{-1}$ e $13 * 10^{-6}\ °C^{-1}$. Sendo o coeficiente de

atrito estático entre o bloco e a plataforma igual a $3,0*10^{-3}$, para que o deslizamento do bloco se torne iminente, as barras devem sofrer uma variação de temperatura de:
(a) 60 °C.
(b) 75 °C.
(c) 80 °C.
(d) 100 °C.
(e) 120 °C.

10.50 (SEDUC-PI – UESPI – 2012)

O coeficiente de expansão linear do ferro é $1,0*10^{-5}$ por °C. A área superficial de um cubo de ferro com lados de $5,0$ cm de comprimento aumentará que quantidade se a temperatura for aumentada de 10 °C para 60 °C ?
(a) $0,25$ cm^2.
(b) $0,15$ cm^2.
(c) $0,35$ cm^2.
(d) $0,05$ cm^2.
(e) $0,45$ cm^2.
Sugestão de Solução.

Solução em vídeo.

10.51 (SEDUC-PI – UESPI – 2015)

Uma barra de aço possui um comprimento de $5,000$ m a uma temperatura de 20 °C. Se aquecermos essa barra até que sua temperatura atinja 70 °C, o comprimento final da barra, sabendo que o coeficiente de dilatação linear do aço é $\alpha = 12*10^{-6}$ °C^{-1}, será de:

(a) $0,003$ m.
(b) $0,005$ m.
(c) $5,005$ m.
(d) $5,003$ m.
(e) $5,000$ m.
Sugestão de Solução.

Solução em vídeo.

10.52 (SEDUC-PI – UESPI – 2015)

Quando colocamos um termômetro de mercúrio numa chama, a coluna de mercúrio desce um pouco antes de começar a subir porque:
(a) o mercúrio que está dentro do vidro inicia seu processo de dilatação primeiro. Depois, a dilatação do vidro é mais notável, porque este tem um coeficiente de dilatação maior do que o mercúrio.
(b) o vidro que contém o mercúrio inicia seu processo de dilatação primeiro. Depois, a dilatação do mercúrio é mais notável, porque este tem um coeficiente de dilatação menor do que o do vidro.
(c) o mercúrio que está dentro do vidro inicia seu processo de dilatação primeiro. Depois, a dilatação do vidro é mais notável, porque este tem um coeficiente de dilatação menor do que o mercúrio.
(d) o vidro que contém o mercúrio inicia seu processo de dilatação primeiro. Depois, a dilatação do mercúrio é mais notável, porque este tem um coeficiente de dilatação maior do que o do vidro.
(e) o mercúrio quando é aquecido se contrai inicialmente para depois se dilatar.

10.53 (SEDUC-PI – UESPI – 2015)

Uma placa retangular de alumínio tem 10 cm de largura e 40 cm de comprimento, à temperatura de 40 °C. Essa placa é aquecida até atingir a temperatura de 70 °C. Sabendo que o coeficiente de dilatação superficial do alumínio é $\beta_{Al} = 46 * 10^{-6}$ °C^{-1}, a área final desta placa retangular, nesta temperatura, será:

(a) $0,522\ cm^2$.
(b) $400\ cm^2$.
(c) $400,552\ cm^2$.
(d) $452,222\ cm^2$.
(e) $522,400\ cm^2$.

Sugestão de Solução.

Solução em vídeo.

10.54 (UPENET/IAUPE – SEE-PE – 2008)

No gráfico abaixo, pode-se ver como varia o comprimento de uma barra metálica em função da temperatura. O coeficiente de dilatação do material, em 10^{-6} °C^{-1}, vale, aproximadamente:

Figura 10.54 — Gráfico $L - T$.

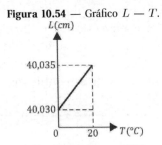

Fonte: Upenet/Iaupe (2008).

(a) 5, 40.
(b) 6, 25.
(c) 4, 52.
(d) 7, 75.
(e) 5, 34.
Sugestão de Solução.

Solução em vídeo.

10.55 (VUNESP - SEE/SP - 2012)

A foto ilustra uma estrada de ferro mal construída, na qual as juntas de dilatação não foram devidamente previstas. Os engenheiros evitam acidentes como esses ao prever as dilatações que os materiais vão sofrer, deixando folgas nos trilhos das linhas de trem.

Figura 10.55 — Estrada de ferro mal construída.

Fonte: Vunesp (2012).

Na construção civil, as juntas são feitas com material que permite a dilatação do concreto.
Um prédio de 60 m com uma estrutura de aço tem um vão de

6 cm previsto pelo construtor. A variação de temperatura que esse vão permite sem que haja risco para essa estrutura é, em °C, aproximadamente:

Dado: coeficiente de dilatação térmica volumétrica do aço: $31,5 * 10^{-6}$ °C^{-1}.

(a) 95.
(b) 100.
(c) 105.
(d) 110.
(e) 115.

Sugestão de Solução.

Solução em vídeo.

10.56 (SEAP-PR – PUCPR – 2013)

Um engenheiro precisou encaixar um anel circular, formado por uma liga metálica com coeficiente de dilatação linear igual a $2,00 * 10^{-5}$ °C^{-1}, em uma haste cilíndrica, formada por material metálico com coeficiente de dilatação linear igual a $1,50 * 10^{-5}$ °C^{-1}. A $20,0$ °C, o anel tem um diâmetro interno de $5,98$ cm e a haste cilíndrica tem uma seção transversal com diâmetro de $6,00$ cm. O anel foi aquecido e, quando seu diâmetro interno excedeu $6,00$ cm, ele foi encaixado na haste, ficando firmemente preso a ela, depois de retornar à temperatura ambiente de 20 °C.

Muitos meses depois, o engenheiro precisou remover o anel da haste. Para isso, aqueceu ambos até conseguir fazer o anel deslizar pela haste. A partir de que temperatura do conjunto, aproximadamente, o anel começa a deslizar pela haste cilíndrica?

(a) 293 K.

(b) $696\ ^\circ C$.
(c) $778\ ^\circ C$.
(d) $806\ ^\circ F$.
(e) $-20\ ^\circ C$.
Sugestão de Solução.

Solução em vídeo.

10. DILATAÇÃO TÉRMICA

11. *Calor*

Antônio Nunes de Oliveira
Marcos Cirineu Aguiar Siqueira
Douglas Pereira Gomes da Silva
Josias Valentim Santana
Filipe Henrique de Castro Menezes

Calor
Segundo Oliveira e Siqueira (2022), inicialmente o calor foi pensado como uma substância fluida que preenchia todos os corpos, macroscópicos e microscópicos.

> Tal substância, em algumas circunstâncias podia fluir de um corpo (estático) a outro. Posteriormente foi descoberto que tal fluido não existia e o que passava de um corpo a outro era a energia. Mesmo após demonstrado por inúmeras experiências que o calor não existia, persistiu-se o uso desse termo na Física, o qual reputamos inconveniente quando não há uma redefinição precisa do termo, pois tem gerado inúmeras inconsistências nas explicações dos fenômenos térmicos, sobretudo a partir do uso corriqueiro da palavra (Oliveira; Siqueira, 2022, p. 89).

Em nossos textos, concebemos o *calor* como um *processo* no qual o que se transfere é parte da *energia térmica* de um corpo ou sistema.

Quantidade de calor sensível

Segundo Oliveira e Siqueira (2022, p. 90), *quando um corpo de massa* m *termicamente homogêneo ganha ou perde energia através do processo calor e tem como único efeito a variação de sua temperatura, a energia térmica transferida através desse processo é chamada de quantidade de calor sensível, podendo ser calculada através da expressão*:

$$Q = C\Delta T, \tag{11.1}$$
$$C = mc, \tag{11.2}$$

sendo C é a capacidade térmica (grandeza extensiva) do corpo de massa m e c o seu calor específico sensível.

$$\begin{cases} Q < 0 \rightarrow \text{processos exotérmicos,} \\ Q > 0 \rightarrow \text{processos endotérmicos.} \end{cases}$$

Quantidade de calor latente
Quando o calor resulta na mudança de fase de pelo menos uma das substâncias envolvidas, dizemos que foi trocada uma quantidade de energia térmica denominada *quantidade de calor latente*. Ela pode ser calculada como:

$$Q = \pm mL, \tag{11.3}$$

em que m é a quantidade de massa que mudou de fase e a constante L é denominada *calor latente*; dependendo do tipo de mudança de fase. O sinal positivo (energia térmica *entrando* no sistema, processo endotérmico) é usado, por exemplo, quando um sólido se funde, e o sinal negativo (energia térmica *saindo* do sistema, processo exotérmico) é usado, por exemplo, quando um líquido se solidifica (Oliveira; Siqueira, 2022, p. 96).

Princípio geral das trocas de energia através do calor
Segundo Oliveira e Siqueira (2022), *em processos que envolvem sistemas isolados, onde a única forma de trocar energia é o calor, a quantidade*

total de energia térmica, "quantidade de calor" trocada, é identicamente nula, isto é:

$$\sum_{i=0}^{n} Q_i = 0. \tag{11.4}$$

Lei de Fourier
A quantidade de energia térmica (Q) transportada durante um intervalo de tempo (Δt) e por unidade de área (A), denominada fluxo térmico (q_x''), é obtida através da seguinte equação:

$$q_x'' = -k\frac{dT}{dx}. \tag{11.5}$$

PROVA DIDÁTICA
Plano de aula
A execução eficiente de qualquer atividade requer um planejamento prévio, no qual devem ser respondidas, indispensavelmente, as seguintes perguntas:

- Quem é o proponente do plano (identificação)?

- Para quem a atividade está sendo desenvolvida?

- O que se espera dos sujeitos após a atividade?

- Quais estratégias podem potencializar as aquisições pretendidas com a atividade que será desenvolvida?

- Como avaliar as aquisições?

- Quais as principais referências que estão disponíveis aos envolvidos?

No contexto educacional de sala de aula, o plano de aula deve responder a todas essas perguntas, além de identificar o docente e elencar os principais elementos e estratégias que serão executadas por ele.

11.1 (SINAES/ENADE - 2005)

Em um dia de inverno, uma estudante correu durante $1,0$ $hora$, inspirando ar, à temperatura de 12 $°C$ e expirando-o à 37 $°C$. Suponha que ela respire 40 vezes por minuto e que o volume médio de ar em cada respiração seja de $0,20$ m^3. A quantidade estimada de calor cedida pela estudante ao ar inalado durante o período do exercício, em joules, é de:

Dados: densidade do ar $= 1,3 \frac{kg}{m^3}$; calor específico do ar $1,0 * 10^3 \frac{J}{kg°C}$.

(a) $5,0.10^6$.
(b) $6,0.10^6$.
(c) $1,6.10^7$.
(d) $2,3.10^7$.
(e) $9,3.10^7$.

Sugestão de solução.

$$T_0 = 12\ °C;\ T = 37\ °C,$$

$$Q = mc\Delta T = (dV)\,c\Delta T$$

$$= \left(1,3\frac{kg}{m^3}\right)(0,20\ m^3)(40)(60)\left(1,0*10^3\frac{J}{kg°C}\right)(25\ °C),$$

$$Q = 15.600.000\ J,$$

ou

$$Q = 1,56.10^7\ J \cong 1,6.10^7\ J.$$

Resposta: **item (c)**.

QC 11.2 (SINAES/ENADE - 2008)

Uma jovem mãe prepara o banho para o seu bebê. Ela sabe que a temperatura da água da torneira é de 20 $°C$, e que a temperatura ideal da água para o banho é de 36 $°C$. Quantos litros de água fervendo a mãe deve misturar com a água da torneira para obter 10 $litros$ de

água na temperatura ideal para o banho?
(a) $2, 5$.
(b) $2, 0$.
(c) $1, 5$.
(d) $1, 0$.
(e) $0, 5$.

Sugestão de solução.
$T_0 = 20\ °C;\ T = 36\ °C;\ V = 10\ l \to m = 10\ kg$
Pelo princípio geral das trocas de energia por calor, temos:

$$(mc)(36 - 20) + (10 - m)(c)(36 - 100) = 0,$$

$$16m + 360 - 1000 - 36m + 100m = 0 \Rightarrow 80m = 640,$$

$$m = 8, 0\ kg.$$

Quantidade de água quente misturada $= (10 - m) = 10 - 8 = 2, 0\ kg$
Resposta: **item (b)**.

QC 11.3 (SINAES/ENADE - 2014)

Em geral, o efeito estufa é entendido como o processo pelo qual parte da energia infravermelha - emitida pela superfície do planeta e absorvida por determinados gases atmosféricos - é irradiada de volta, o que torna a temperatura da superfície da Terra mais elevada do que seria sem a presença da atmosfera. Porém, para a termodinâmica, a transferência de calor via condução e convecção é mais efetiva para o aquecimento da atmosfera e, portanto, é capaz de aquecer apenas uma fração dos gases atmosféricos radiativamente ativos.
Considerando os aspectos termodinâmicos, avalie as afirmações a seguir.
I. A radiação térmica da atmosfera é resultado da sua temperatura e não a causa.
II. Uma quantidade de radiação superior à energia solar absorvida pela superfície do planeta causa aquecimento adicional da Terra.
III. A radiação infravermelha resultante da temperatura da superfície

do planeta não pode induzir aquecimento adicional sobre a sua fonte.
(a) I, apenas.
(b) II, apenas.
(c) I e III, apenas.
(d) II e III, apenas.
(e) I, II e III.

QC 11.4 (INSTITUTO SABER/IFAC - 2012)

Uma peça metálica encontrava-se a 412 $°C$. Após ser resfriada em água, sua temperatura reduziu para 62 $°C$. Sabe-se que a peça pesa 100 g e é de alumínio (calor específico = $0,22\frac{cal}{g°C}$). Se no resfriamento citado o calor cedido pela peça foi integralmente transferido para 1 litro de água que se encontrava a 20 $°C$, qual será a temperatura dessa água ao final do resfriamento da peça?
(a) $27,7\ °C$.
(b) $23,35\ °C$.
(c) $25,5\ °C$.
(d) $32,7\ °C$.
(e) $31,35\ °C$.
Sugestão de Solução.

Solução em vídeo.

QC 11.5 (MSCONCURSOS - GRUPO SARMENTO/IFAC - Edital 01/2014)

Atribui-se, para o sistema com placas coletoras solares, uma saída mais ecológica para o necessário consumo energético residencial. Sua eficiência em aquecer um reservatório passa pelos três processos de

transmissão de calor. Quais são eles?
(a) Condução, irradiação e convecção.
(b) Condução, irradiação e indução hidráulica.
(c) Contato, irradiação e convecção.
(d) Irradiação, propagação e indução hidráulica.

QC 11.6 (MSCONCURSOS/GRUPO SARMENTO/IFAC - Edital 01/2014)

Uma nova linha de panelas dobrou a espessura de seu fundo que vai ao contato com a chama, passando a ter um fluxo de 200 $kcal/s$. Podemos dizer que:

Figura 11.6 — Ilustração.

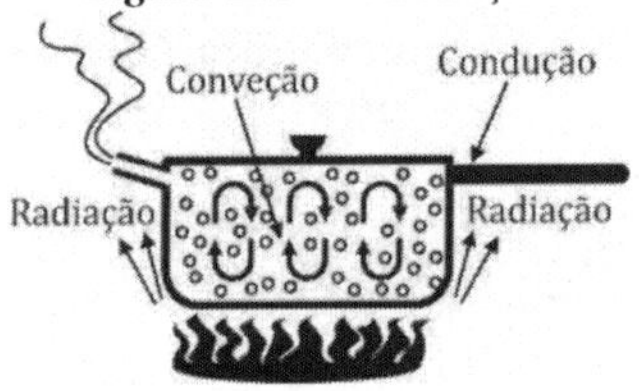

Fonte: MSConcursos (2014).

(a) Teremos uma pequena economia no consumo de gás.
(b) Tinha um possível fluxo de $400\frac{kcal}{s}$ antes das modificações.
(c) Tinha um possível fluxo de $100\frac{kcal}{s}$ antes das modificações.
(d) O processo de transmissão de calor ficou mais eficiente.

QC 11.7 (MSCONCURSOS - GRUPO SARMENTO/IFAC - 2014 - Tec. lab)

Um café aguado estava em sua xícara com exatos 54 °C. Após exaustivas sopradas, consegue-se abaixar para 44 °C. Como o calor específico da água é $1\frac{cal}{g°C}$, a quantidade de calor perdida pelo café foi aproximadamente de:
(a) 200 cal, se for 20 ml de café.
(b) 200 $kcal$, se for 20 ml de café.

(c) 200 J, se for 20 ml de café.
(d) 20 cal, se for 20 ml de café.

QC 11.8 (COPEMA/CEFET/AL - 2007)

Nas afirmações abaixo:
I. A energia interna de um gás depende apenas da pressão.
II. Em geral, quando uma pessoa sai de uma piscina, ela sente mais frio do que quando estava dentro da água. Essa sensação ocorre devido à evaporação da água aderida na sua pele.
III. A radiação é um processo de transferência de calor que não ocorre, se os corpos estiverem no vácuo.
IV. O calor só pode fluir de um corpo para outro de menor temperatura.
V. A água pode atingir uma temperatura superior a 100°C sem entrar em ebulição.
As duas corretas são:
(a) I e II.
(b) II e IV.
(c) I e III.
(d) II e V.
(e) IV e V.

QC 11.9 (COPEMA / IFAL - 2010 - Edital 05/2010)

A figura abaixo mostra um cilindro oco de comprimento L, feito de um material cuja condutividade térmica vale k. Sabendo-se que a superfície interna tem raio r_1 e temperatura T_1, e que a superfície externa tem raio r_2 e temperatura T_2, podemos afirmar que o fluxo radial de calor ϕ, através dessas superfícies para o caso de $T_1 > T_2$, vale:

Figura 11.9 — Cilindro oco condutor.

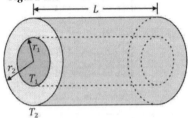

Fonte: Copema (2010).

(a) $\phi = \dfrac{(T_1-T_2)2\pi L k}{\ln\left(\frac{r_2}{r_1}\right)}$.

(b) $\phi = \dfrac{(T_2-T_1)\pi L k}{2\ln\left(\frac{r_2}{r_1}\right)}$.

(c) $\phi = \dfrac{(T_1-T_2)2\pi \ln\left(\frac{r_2}{r_1}\right)}{L k}$.

(d) $\phi = \dfrac{(T_2-T_1)\pi L k}{r_1-r_2}$.

(e) $\phi = \dfrac{(T_1-T_2)\pi L k}{2(r_2-r_1)}$.

11.10 (COPEMA/IFAL - 2010 - Edital 01/2010)

Uma lâmpada incandescente de 54 *watts* de potência, usada para aquecimento, foi submersa em um calorímetro transparente que contém $V = 650\ cm^3$ de água. Com isso, em 3 minutos a água se aquece $3,4\ °C$. A parte da energia gasta pela lâmpada, que é emitida para fora do calorímetro em forma de energia radiante, é aproximadamente:

Dados: calor específico da água $= 1\frac{cal}{g°C}$, densidade da água $= \frac{1g}{cm^3}$.

(a) 2 %.
(b) 3 %.
(c) 5 %.
(d) 10 %.
(e) 15 %.
Sugestão de Solução.

Solução em vídeo.

11.11 (COPEMA/IFAL - 2010 - Edital 01/2010)

Em um recipiente isolado, previamente preparado para ter capacidade calorífica desprezível, existem 3 *litros* de água pura a uma temperatura de 35 °C. Numa tentativa de baixar a temperatura da água, é colocado, dentro do recipiente meio quilograma de gelo em fusão. A temperatura final da mistura é de aproximadamente:

Dados: calor específico da água = $4200\frac{J}{kg°C}$, calor específico do gelo $(-5°C) = 2100\frac{J}{kg°C}$, calor latente de fusão do gelo = $330\frac{kJ}{kg}$, densidade da água = $1\frac{g}{cm^3}$.

(a) 0 °C.
(b) 8 °C.
(c) 19 °C.
(d) 22 °C.
(e) 25 °C.

11.12 (COPEMA/IFAL - 2010 - Edital 01 de 2010)

Um grupo de escoteiros, ao final do dia de atividades, resolveu montar acampamento para passar a noite. A primeira medida foi fazer uma fogueira em uma região plana. Preocupados em montar o acampamento, José esqueceu sua garrafa com 1 litro de água a 1 m da fogueira, e Manoel deixou a sua garrafa com 3 litros de água a 3 m da mesma fogueira. Sabendo-se que a fogueira, no plano que contém as garrafas, emite calor a uma taxa constante, P, podemos afirmar que a razão entre a variação de temperatura sofrida pela água da garrafa de José e a do Manoel, $\frac{\Delta T_{José}}{\Delta T_{Manoel}}$, é:

(a) 27.
(b) 18.
(c) 9.
(d) 3.
(e) 1.

11.13 (COPEMA/IFAL - 2010 - Edital 01 de 2010)

A parede de uma divisória colocada em uma sala é composta por duas placas de materiais diferentes, os quais possuem coeficientes de condutibilidade térmica K_1 e K_2, porém de mesma espessura d, conforme mostra a figura abaixo. As temperaturas das superfícies externas da parede são T_2 e T_1, de tal forma que T_2 é maior que T_1. Qual das expressões abaixo permite determinar a temperatura da superfície de separação das duas placas, em regime estacionário?

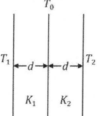

Figura 11.13 — Placas planas condutoras.

Fonte: Copema (2010).

(a) $\frac{2(K_1T_1+K_2T_2)}{K_1+K_2}$.//
(b) $\frac{(2K_1T_1+K_2T_2)}{K_1+K_2}$.//
(c) $\frac{(K_1T_1+2K_2T_2)}{K_1+K_2}$.//
(d) $\frac{(K_1T_1+K_2T_2)}{2(K_1+K_2)}$.//
(e) $\frac{(K_1T_1+K_2T_2)}{K_1+K_2}$.

Sugestão de Solução.

Solução em vídeo.

11.14 (C.P. II-RJ – Edital 02/2013)

Uma barra é formada por três diferentes hastes metálicas X, Y e Z de iguais seções retas. A haste Z possui um coeficiente de condutibilidade térmica cujo valor é o dobro do coeficiente de condutibilidade térmica de X e a metade do coeficiente de condutibilidade térmica de Y. A haste X possui o dobro do comprimento da haste Y, enquanto a haste Z possui o triplo do comprimento da haste Y. As extremidades são mantidas em locais com temperaturas constantes, permitindo um fluxo estacionário da região de temperatura de 600 K para a de 300 K. A figura a seguir ilustra a situação fora de escala. A temperatura na junção entre as barras X e Y é:

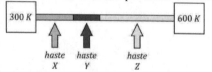

Figura 11.14 — Barra formada por hastes condutoras.

Fonte: Colégio Pedro II (2013).

(a) 440 K.
(b) 460 K.
(c) 480 K.
(d) 500 K.
Sugestão de Solução.

Solução em vídeo.

11.15 (C.P. II/RJ – Edital 02 de 2013)

Um bloco de gelo de massa m, na temperatura de fusão de $0\ °C$, é colocado no interior de um calorímetro de capacidade térmica numericamente igual a m, em equilíbrio com água, de massa $3\ m$, a $50\ °C$. Ao entrar em equilíbrio térmico e só havendo trocas de calor entre o gelo, o calorímetro e a água, a temperatura desse sistema será:
Dados: calor latente de fusão do gelo = $80\frac{cal}{g}$; calor específico da água = $1\ cal\ g^{-1}\ °C^{-1}$.
(a) 21 ℃.
(b) 22 ℃.
(c) 23 ℃.
(d) 24 ℃.

11.16 (IDECAN/C.P. II/RJ – Edital 47 de 2014)

Em um calorímetro ideal, são colocados $10,0\ g$ de gelo fundente, $300\ g$ de água a $60,0\ °C$ e $50,0\ g$ de vapor a $100\ °C$. Considere que o calor específico da água vale $1,00\ cal/g°C$, o calor latente de fusão do gelo vale $80,0\ cal/g$ e o calor latente de vaporização da água vale $540\ cal/g$. Após o equilíbrio térmico, a opção que mostra, aproximadamente, a quantidade de água no calorímetro, em gramas, é:
(a) 310.
(b) 335.
(c) 345.
(d) 355.

11.17 (C.P. II/RJ - Edital 23 de 2016)

Em um calorímetro ideal, são colocados 100 g de gelo a 0 °C e 100 g de água a 50 °C que entram em equilíbrio térmico. Em seguida, é inserida no calorímetro uma massa M de alumínio a uma temperatura de 110 °C. A temperatura final de equilíbrio é 10 °C.
Considere:
Calor específico da água = $1,0 \; cal/g°C$.
Calor específico do alumínio = $0,20 \; cal/g°C$.
Calor latente de fusão do gelo = $80 \; cal/g$.
O valor de M é:
(a) $1,2 * 10^2 \; g$.
(b) $1,7 * 10^2 \; g$.
(c) $2,0 * 10^2 \; g$.
(d) $2,5 * 10^2 g$.
Sugestão de Solução.

Solução em vídeo.

11.18 (C.P. II/RJ - Edital 08 de 2008)

Várias bilhas de ferro a 200 °C, cada uma com $5,0 \; g$ de massa, são postas em contato com um grande bloco de gelo a 0 °C. Ao se atingir o equilíbrio térmico, a parte de gelo que se fundiu tem massa igual a $12,5 \; g$. Em seguida, metade das bilhas é imediatamente transferida para um calorímetro de capacidade térmica desprezível, onde há m gramas de água a 80 °C. O novo equilíbrio térmico se estabelece a 78 °C. Considerando os dados abaixo, podemos dizer que m vale:
Dados:

Calor específico do ferro = $0,10\frac{cal}{g\,°C}$.
Calor específico da água = $1,0\frac{cal}{g\,°C}$.
Calor latente de fusão de gelo = $80\frac{cal}{g}$.
(a) $9,75g$.
(b) $97,5\ g$.
(c) $107,5\ g$.
(d) $195,0\ g$.

11.19 (C.P. II/RJ - Edital 08 de 2008)

Em um recipiente adiabático de capacidade térmica desprezível, misturou-se uma amostra de gelo a temperatura de $--40\ °C$ com uma amostra de $360\ g$ de uma substância X a uma temperatura de $80\ °C$. O equilíbrio térmico ocorre a uma temperatura de $20\ °C$. Durante a experiência, a substância X não muda de estado. Calcule a massa da amostra de gelo.
Dados:
Calor específico da água $= 1,0\frac{cal}{g°C}$.
Calor específico do gelo $= 0,50\frac{cal}{g°C}$.
Calor específico da substância $X = 0,80\frac{cal}{g°C}$.
Calor latente de fusão do gelo $= 80\frac{cal}{g}$.
Sugestão de Solução.

Solução em vídeo.

11.20 (MSCONCURSOS-GRUPO SARMENTO/IFAM – Edital 005/2013)

Muita gente coloca pedras de gelo para abaixar a alta temperatura de porções de café. Qual a porção de gelo fundente, puro, que devemos misturar para que possamos fazer dois litros de água a 80 °C, chegar a 20 °C? ($c = 1\frac{cal}{g°C}$ da água, $L = 80\frac{cal}{g}$ fusão do gelo, $d = 1\frac{g}{cm^3}$ da água e $d = 0,8\frac{g}{cm^3}$ para o gelo.)
(a) $1500\ g$.
(b) $2\ cm^3$.
(c) $1500\ cm^3$.
(d) $0,2\ litros$.
(e) $0,15\ litros$.
Sugestão de Solução.

Solução em vídeo.

11.21 (FUNCAB/IFAM – Edital 007/2014)

São formas básicas de propagação de calor:
(a) condução, capilaridade e convecção.
(b) condução, convecção e radiação.
(c) radiação, ressonância e capilaridade.
(d) radiação, histerese e capilaridade.
(e) sublimação, vaporização e condução.

11.22 (FADESP/IFPA – Edital 008/2018)

Um projétil metálico, de massa m e calor específico c, acerta uma placa metálica com velocidade v. Durante o impacto, 50 % da energia cinética do projétil é convertida em calor absorvido pelo projétil. O

aumento de temperatura do projétil é:
(a) $\frac{v^2}{(2c)}$.
(b) $\frac{v^2}{(4c)}$.
(c) $\frac{v}{(4c)}$.
(d) $\frac{v}{(2c)}$.
(e) $\frac{v^2}{(c)}$.
Sugestão de Solução.

Solução em vídeo.

11.23 (FADESP/IFPA - Edital 008 de 2018)

Considere que duas substâncias A e B, de massas respectivas m_A e m_B e calores específicos c_A e c_B, são colocadas em contato térmico sob condições em que a pressão é mantida constante. Considerando que, a esta pressão, os calores específicos e as massas das substâncias obedecem à relação $m_A c_A = 3 m_B c_B$, e que, antes do contato, cada substância estava à temperatura T_A e T_B, respectivamente, pode-se afirmar que a temperatura final T_f após o equilíbrio térmico ser alcançado, é:
(a) $T_f = \frac{T_A + T_B}{2}$.
(b) $T_f = \frac{3T_A + T_B}{4}$.
(c) $T_f = \frac{T_A + 3T_B}{2}$.
(d) $T_f = \frac{T_A + T_B}{4}$.
(e) $T_f = \frac{3T_A + T_B}{3}$.
Sugestão de Solução.

Solução em vídeo.

11.24 (CSEP/IFPI – Edital 80 de 2016)

Com relação aos estudos desenvolvidos no âmbito da Física térmica, analise as afirmativas a seguir.

I. A teoria do flogístico foi proposta pelo médico e químico alemão Georg Ernst Stahl. Ele acreditava na existência de um material denominado flogístico: um elemento que possuía massa e que estava presente em todos os materiais combustíveis.

II. Antoine Laurent Lavoisier (1743-1794), mais conhecido pela sua lei da conservação da massa, foi o responsável pela queda da teoria do flogístico. Para ele, o calor era uma espécie de fluido imponderável, ao que deu nome de calórico.

III. Joseph Black (1728-1799) visualizou o calor como um fluido ponderável e indestrutível, capaz de interpenetrar todos os corpos materiais. Black é considerado o fundador da ciência da Termometria.

IV. Benjamim Thompson (1753-1814), ao analisar a perfuração da alma dos canhões no arsenal de munições de Munique, concluiu que o calórico não poderia ser uma substância e que na realidade o calor era "movimento".

Assinale a alternativa que apresenta as afirmativas CORRETAS.
(a) I e II.
(b) I, II, III e IV.
(c) II e IV.
(d) I, II e III.
(e) I e IV.

11.25 (FUNRIO/IFPI - 2014/Tec. Lab)

Calor é a energia transferida entre dois ou mais sistemas devido a uma diferença de temperatura entre eles. Baseado nessa definição considere as afirmativas abaixo.

I. Quando dois corpos estão em contato, o calor é espontaneamente transferido do corpo que possui temperatura mais alta para o que possui temperatura mais baixa.

II. Quando pegamos um copo de água com gelo, a temperatura do copo é transferida para a nossa mão.

III. Quando dois corpos estão em contato, uma vez atingido o equilíbrio térmico entre eles, os corpos adquirem a mesma temperatura e deixa de ocorrer o fluxo de energia, ou seja, calor.

Assinale a alternativa que corresponde às afirmativas verdadeiras.

(a) Somente I.
(b) Somente II.
(c) Somente III.
(d) I e III.
(e) I e II.

11.26 (CSEP/IFPI - Edital 85/2019 - Tec. Lab)

A fim de realizar um experimento para descobrir o calor específico de certo material de massa 200 g, tomou-se um calorímetro que conta com uma resistência elétrica de 10 W de potência com a finalidade de variar a temperatura do material interno ao calorímetro. O experimento demorou 3 min com a temperatura do material variando de 20 $°C$. Considerando que não houve troca de calor com o calorímetro, qual o valor encontrado para o calor específico?

(a) $20\frac{J}{kg°C}$.
(b) $450\frac{J}{kg°C}$.
(c) $100\frac{J}{kg°C}$.
(d) $180\frac{J}{kg°C}$.
(e) $45\frac{J}{kg°C}$.

11.27 (IFPB - Edital 02/2009)

O calor pode ser transmitido de uma região para outra de três modos diferentes: condução, convecção e irradiação. Quando há diferença de temperatura entre dois pontos, o calor flui espontaneamente do ponto de temperatura mais alta para o de temperatura mais baixa. A transmissão de calor se dá juntamente com o transporte de matéria necessariamente no(s) processo(s) de:
(a) Condução e irradiação.
(b) Convecção.
(c) Irradiação.
(d) Convecção e irradiação.
(e) Condução.

11.28 (COMPEC/IFPB - Edital 334/2013/Código 40)

Considere o gráfico abaixo, que representa a relação entre a variação de temperatura de um corpo de um determinado material, inicialmente no estado sólido, e a quantidade de calor absorvida por ele. Suponha a massa do corpo $m = 100\ g$.

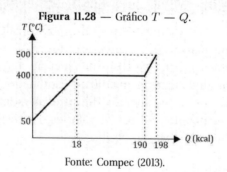

Figura 11.28 — Gráfico $T - Q$.

Fonte: Compec (2013).

Com base no gráfico, assinale a alternativa CORRETA que contém, respectivamente, os valores do calor específico no estado sólido, o calor latente de fusão e o calor específico no estado líquido do material do corpo:

(a) $0,51\frac{cal}{g°C}$, $1,720\frac{kcal}{g}$, $0,80\frac{cal}{g°C}$.
(b) $0,72\frac{cal}{g°C}$, $2,720\frac{kcal}{g}$, $0,90\frac{cal}{g°C}$.
(c) $0,51\frac{cal}{g°C}$, $1,720\frac{kcal}{g}$, $0,52\frac{cal}{g°C}$.
(d) $0,85\frac{cal}{g°C}$, $1,620\frac{kcal}{g}$, $0,80\frac{cal}{g°C}$.
(e) $0,42\frac{cal}{g°C}$, $1,620\frac{kcal}{g}$, $0,10\frac{cal}{g°C}$.

Sugestão de Solução.

Solução em vídeo.

11.29 (COMPEC/IFPB - Edital 334/2013/Código 41)

Considere o diagrama abaixo no qual está representada a temperatura de um corpo de massa 1 kg (feito de um único material) em função da quantidade de calor recebido.

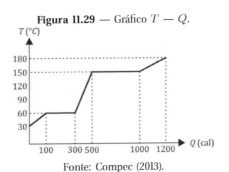

Figura 11.29 — Gráfico $T - Q$.

Fonte: Compec (2013).

Inicialmente, o corpo está no estado sólido à temperatura de 30 °C. Os calores específicos desse material, em $\frac{cal}{g°C}$, nos estados sólido, líquido e de vapor, são, respectivamente:
(a) $0,0033$; $0,0022$; $0,0066$.

(b) $0,0045$; $0,0086$; $0,0098$.
(c) $0,0033$; $0,0022$; $0,0099$.
(d) $0,0066$; $0,0033$; $0,0022$.
(e) $0,0033$; $0,0066$; $0,0022$.

11.30 (IDECAN/IFPB - Edital 148/2018)

O calor sempre flui naturalmente de uma região mais quente para uma região mais fria. Essa propagação de calor pode ocorrer de diversas maneiras. A propagação de energia térmica de um ponto a outro que ocorre predominantemente em meios fluidos é:
(a) condução, somente.
(b) radiação, somente.
(c) convecção, somente.
(d) condução e radiação.
(e) radiação e convecção.

11.31 (IDECAN/IFPB - Edital 148/2018)

Sobre a lei da conservação de energia da termodinâmica, é correto afirmar que:
(a) a energia externa de um sistema tende a aumentar, se acrescentarmos energia na forma de calor, e a diminuir, se removermos energia na forma de trabalho realizado pelo sistema.
(b) a energia interna de um sistema tende a aumentar, se acrescentarmos energia na forma de calor, e a diminuir, se removermos energia na forma de trabalho realizado pelo sistema.
(c) a energia interna de um sistema tende a ser invariante, se acrescentarmos energia na forma de calor, mas a diminuir, se removermos energia na forma de trabalho realizado pelo sistema.
(d) a energia interna de um sistema tende a variar de forma negativa, se acrescentarmos energia na forma de calor, e a diminuir, se removermos energia na forma de trabalho realizado pelo sistema.
(e) a energia interna de um sistema tende a variar de forma positiva,

se acrescentarmos energia na forma de trabalho, e a diminuir, se removermos energia na forma de calor realizado pelo sistema.

11.32 (IDECAN/IFPB - Edital 148/2018)

Suponha que você está em uma cidade onde o período de inverno atinge valores de temperaturas extremamente baixos e você precisa construir uma casa que lhe dê proteção das baixas temperaturas do inverno. O material que você deve utilizar para atingir seu objetivo deverá ter:
(a) valor de espessura e condutividade térmica bastante elevados e quase iguais para conseguir um valor de resistência térmica também elevado.
(b) razão entre espessura e condutividade térmica bastante elevada.
(c) espessura elevada e uma condutividade térmica zero.
(d) elevado valor de espessura e de condutividade térmica.
(e) espessura quase zero e condutividade térmica necessariamente igual a zero.

11.33 (COCP/IFMT - Edital 78/2018)

Um limpador de janelas de arranha-céus a uma altura de $420,0\ m$ deixa cair acidentalmente uma garrafa com $2,0\ litros$ de água, fechada, quando se preparava para "matar a sede". A garrafa é amortecida pelas árvores e pelos arbustos da área comum do prédio e, espantosamente, não se quebra, conservando a mesma quantidade de líquido. Supondo que a água dentro da garrafa absorva uma quantidade de calor, igual ao módulo da variação da energia potencial, pode-se afirmar que a variação da temperatura da água foi igual a:
(Considere: $\rho_{água} = 1,0 \frac{g}{cm^3}$, $c_{água} = 1,0 \frac{cal}{g°C}$, $cal = 4,2\ J$ e $g = \frac{10\ m}{s^2}$.)
(a) $0\ K$.
(b) $1,0\ K$.
(c) $2,0\ K$.
(d) $3,0\ K$.
(e) $4,0\ K$.

11.34 (SARI/UFMT − Edital 27/2014)

Admita que, durante doze horas de um determinado dia, a incidência de radiação solar num local seja, em média, $100\frac{W}{m^2}$. Suponha que, nesse dia, 50 % dessa energia foi absorvida pela evaporação da água presente no local. Considerando-se que o calor latente de evaporação da água é $2000\frac{kJ}{kg}$, a quantidade de água evaporada por metro quadrado nesse dia equivale a aproximadamente:
(a) $2\ litros$.
(b) $0,5\ litro$.
(c) $1\ litro$.
(d) $0,2\ litro$.

Sugestão de Solução.

Solução em vídeo.

11.35 (CEFET/RN − 2006)

Uma bala de chumbo com temperatura de 27 °C se derrete como resultado de um impacto. A velocidade da bala – considerando que toda energia cinética é convertida em energia interna da bala e do obstáculo, sendo 80% convertida em energia interna da bala – é de aproximadamente:
(A temperatura de fusão do chumbo é 327 °C, o calor latente de fusão é $21\frac{KJ}{kg}$ e o calor específico do chumbo é $0,125\frac{kJ}{kg.K}$.)
(a) $250\ m/s$.
(b) $380\ m/s$.
(c) $600\ m/s$.
(d) $720\ m/s$.

Sugestão de Solução.

Solução em vídeo.

11.36 (CEFET/RN - 2006)

O calor específico do chumbo é $0,030\ \frac{cal}{g°C}$. 300 gramas de chumbo aquecido a 100°C são misturados a 100 g de água a 70 °C. Tem-se, assim, a temperatura final da mistura é, aproximadamente:
(a) 86, 5 °C.
(b) 79, 5 °C.
(c) 74, 5 °C.
(d) 72, 5 °C.

Sugestão de solução.
Pelo Princípio Geral das trocas de energia através do calor, temos:

$$Q_{H_2O} + Q_{Pb} = 0$$

$$\Rightarrow 100\ g\left(1\frac{Cal}{g°C}\right)(T-70) + 300\ g\left(0,03\frac{Cal}{g°C}\right)(T-100) = 0,$$

$$100T - 7000 + 9T - 900 = 0 \Rightarrow 109T = 7900,$$

$$T = 72,5\ °C.$$

Resposta: **item (d)**.

11.37 (DIGPE/IFRN - Edital 04/2009)

A transpiração consiste em um processo de resfriamento do corpo humano que ocorre quando a temperatura do ambiente se aproxima da temperatura do corpo. Ele consiste em liberar parte da água corporal (suor) para a superfície. Dessa forma,

(a) a vaporização do suor resfria a superfície do corpo ao receber calor do mesmo corpo.

(b) a vaporização do suor resfria a superfície do corpo ao ceder calor para o ar ambiente.

(c) a presença do suor resfria a superfície do corpo, devido ao alto calor específico da água presente nesse suor.

(d) a presença do suor resfria a superfície do corpo, apesar do alto calor específico da água presente nesse suor.

11.38 (COMPERVE - UFRN/IFRN - 2010)

Em uma experiência de laboratório, usamos um calorímetro e um termômetro para investigar propriedades térmicas de algumas substâncias. Misturamos, nesse calorímetro, 100 *gramas* de água à temperatura de 30 ºC, com 100 *gramas* de chumbo à temperatura de 100 ºC. Depois de alguns segundos, a temperatura de equilíbrio térmico atingida pelo sistema (chumbo + água) é de 32,8 ºC, portanto muito mais próxima da temperatura inicial da água do que a do chumbo. Desprezando perdas de energia para o calorímetro e o ambiente externo, é correto afirmar que o resultado acima acontece porque:

(a) a amostra de chumbo utilizada possui uma capacidade calorífica maior que a de água.

(b) o chumbo possui calor latente de fusão maior que o da água.

(c) o chumbo é um metal que possui coeficiente de condutividade térmica maior que o da água.

(d) o chumbo possui um calor específico menor que o da água.

11.39 (REITORIA/IFRN – Edital 12/2011)

Para calcular o calor específico de um metal, são feitas duas experiências, descritas a seguir. 1ª experiência: em um calorímetro, à temperatura ambiente (30 °C), são misturados 50 g de água à temperatura ambiente (30 °C), com 50 g de água, à temperatura de 50 °C. O sistema atinge o equilíbrio térmico à temperatura de 38 °C. 2ª experiência: utilizando o mesmo calorímetro a 35 °C, são misturados 100 g de água, a uma temperatura de 35 °C, com 200 g do metal, à temperatura de 100 °C. O sistema atinge o equilíbrio térmico à temperatura de 37,5 °C. Com base no que foi descrito acima, considerando que as perdas para o exterior foram desprezíveis e que o calor específico da água é 1,0 $cal/g°C$, é correto afirmar que:

(a) a capacidade calorífica do calorímetro é 50$\frac{cal}{°C}$ e o calor específico do metal é 0,025$\frac{cal}{g°C}$.

(b) a capacidade calorífica do calorímetro é 25$\frac{cal}{°C}$ e o calor específico do metal é 0,050$\frac{cal}{g°C}$.

(c) a capacidade calorífica do calorímetro é 25$\frac{cal}{°C}$ e o calor específico do metal é 0,025$\frac{cal}{g°C}$.

(d) a capacidade calorífica do calorímetro é 50$\frac{cal}{°C}$ e o calor específico do metal é 0,050$\frac{cal}{g°C}$.

Sugestão de Solução.

Solução em vídeo.

11.40 (FUNCERN – REITORIA/IFRN – Edital 18/2013)

Um estudante realiza a seguinte mistura no laboratório: coloca num calorímetro 250 ml de água a 45 °C e 104 g de gelo a −30 °C. A temperatura inicial no calorímetro é de 25 °C e sua capacidade térmica é de $20\frac{cal}{°C}$. Sabendo-se que: $C_{água} = 1,0\frac{cal}{g°C}$, $C_{gelo} = 0,5\frac{cal}{g°C}$, $d_{água} = \frac{1g}{cm^3}$ e $L_{fusão} = 80\frac{cal}{g}$, restará no calorímetro, após o equilíbrio,
(a) somente gelo.
(b) somente água.
(c) mais gelo que água.
(d) mais água do que gelo.
Sugestão de Solução.

Solução em vídeo.

11.41 (FUNCERN – REITORIA/IFRN – Edital 05/2014)

João comprou um condicionador de ar e solicitou a instalação desse equipamento ao técnico responsável. No momento da instalação, o técnico propôs duas possibilidades de instalação do aparelho, conforme demonstradas nas situações A e B a seguir:

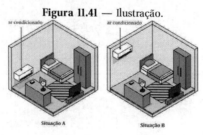

Figura 11.41 — Ilustração.

Fonte: Funcern (2010).

Sobre as duas possibilidades propostas, analise as quatro afirmativas a seguir, levando em consideração os conceitos físicos relacionados à propagação de calor e desprezando o intervalo de tempo necessário para o resfriamento total e uniforme da sala.

I. A Situação A está fisicamente inadequada, pois o resfriamento da sala deverá ocorrer por convecção e por condução e a sala não será resfriada completamente.
II. A Situação A está fisicamente adequada, pois o resfriamento da sala ocorrerá por convecção e por condução e a sala será resfriada completamente.
III. A Situação B está fisicamente inadequada, pois o resfriamento da sala ocorrerá por convecção e a sala não será resfriada completamente.
IV. A Situação B está fisicamente adequada, pois o resfriamento da sala deverá ocorrer por convecção e a sala será resfriada completamente.

Estão corretas as afirmativas:
(a) I e IV.
(b) II e III.
(c) I e III.
(d) II e IV.

11.42 (FUNCERN - REITORIA/IFRN - Edital 05/2014)

Colocam-se $150\ mL$ de água à temperatura ambiente de 20 °C em contato com $50\ g$ de gelo (água no estado sólido) à temperatura de 0 °C, no interior de um calorímetro. Considere as informações a seguir.

Informações relevantes
Densidade da água líquida: $1,0\frac{g}{mL}$
Calor latente de fusão da água: $80\frac{cal}{g}$
Calor específico da água líquida: $1,0\frac{cal}{g\,°C}$
Pressão ambiente: $1,0\ atm$

Considerando que durante o processo de trocas de calor entre o gelo e a água não houve perdas energéticas significativas para o ambiente

externo e o recipiente, a temperatura de equilíbrio do sistema água + gelo será de:
(a) − 5 ºC.
(b) 0 ºC.
(c) 5 ºC.
(d) 10 ºC.

11.43 (FUNCERN - REITORIA/IFRN - Edital 06/2015)

Um estudante utiliza um calorímetro real para medir o calor específico de um metal a partir do experimento descrito abaixo:

Experimento:

Misturam-se 100 g do metal no interior do calorímetro, ambos a temperatura ambiente de 30 ºC, com 100 g de água líquida a 100 ºC, substância cujo calor específico é de $1,0\frac{cal}{g°C}$. A temperatura de equilíbrio encontrada é de 98 ºC.

Nesse contexto, o experimento apresentado foi:
(a) adequado para calcular o calor específico do metal, com precisão, cujo valor é maior que $0,029\frac{cal}{g°C}$.
(b) adequado para calcular o calor específico do metal, com precisão, cujo valor é igual a $0,029\frac{cal}{g°C}$.
(c) inadequado para calcular o calor específico do metal, com precisão, cujo valor é menor que $0,029\frac{cal}{g°C}$.
(d) inadequado para calcular o calor específico do metal, com precisão, cujo valor é igual a $0,029\frac{cal}{g°C}$.

11.44 (INSTITUTO AOCP/IBC - Edital 04/2012)

Um aquecedor fornece $10\frac{kcal}{min}$ a 100 g de gelo, inicialmente a $-20\ °C$. O tempo necessário para essa massa de gelo ser transformada em vapor a 120 $°C$ vale, aproximadamente:

(a) $44,4\ s$.
(b) $7,4\ min$.
(c) $44,4\ min$.
(d) $74\ s$.
(e) $444\ min$.

11.45 (IESES/IFC – Edital 001/2009)

A distância de Marte ao Sol é aproximadamente 50 % maior do que aquela entre a Terra e o Sol. Superfícies planas de Marte e da Terra, de mesma área e perpendiculares aos raios solares, recebem por segundo as energias de irradiação solar U_m e U_t, respectivamente. A razão entre as energias, $\frac{U_m}{U_t}$, é aproximadamente:

Figura 11.45 — Ilustração.

Fonte: Ieses (2010).

(a) 4/9.
(b) 2/3.
(c) 3/2.
(d) 9/4.
Sugestão de Solução.

Solução em vídeo.

11.46 (IESES/IFC – Edital 048/2015)

Na atmosfera, o aquecimento envolve os três processos, radiação, condução e convecção, que ocorrem simultaneamente. O calor transportado pelos processos combinados de condução e convecção é denominado:
(a) condução.
(b) convecção.
(c) calor sensível.
(d) radiação.

11.47 (IFC – Edital 217/2013)

Uma rocha de massa $400\ g$ tem calor específico $0,21\frac{cal}{g°C}$. Calcule a quantidade de calor (em joules) que o corpo receberá para que sua temperatura varie de $-25,0\ °C$ a $125\ °C$. Considere $1\ cal = 4,19\ J$. Suponha que a substância tem ponto de fusão elevado.
(a) $5,3 * 10^4$.
(b) $5,3 * 10^6$.
(c) $9,4 * 10^4$.
(d) $9,4 * 10^6$
(e) $3,4 * 10^5$.
Sugestão de Solução.

Solução em vídeo.

11.48 (IFC - Edital 217/2013)

Um objeto constituído pelo elemento ferro tem massa $300\ g$ e calor específico $0,11\frac{cal}{g°C}$. Calcule a quantidade de calor (em joules) que o objeto receberá para que sua temperatura varie de $-5,0\ °C$ a $70\ °C$. Considere $1\ cal = 4,19\ J$.
(a) $5,0 * 10^6$.
(b) $3,0 * 10^4$.
(c) $1,0 * 10^4$.
(d) $7,0 * 10^6$.
(e) $9,0 * 10^6$.
Sugestão de Solução.

Solução em vídeo.

11.49 (IFSC - Edital 007/2010)

Uma tachinha e um grande parafuso, ambos de ferro, são retirados de um forno quente. Eles estão tão quentes que chegam a estar vermelhos e se encontram à mesma temperatura. Ao mergulhá-los em recipientes idênticos com água na mesma temperatura, verifica-se que:
(a) O parafuso aquece mais a água do que a tachinha, uma vez que sua energia interna é maior.
(b) Ambas as peças aquecem a água da mesma maneira por possuírem a mesma temperatura, ou seja, a mesma energia cinética translacional média.
(c) Ambas as peças aquecem a água da mesma maneira por possuírem o mesmo calor específico.
(d) O parafuso aquece mais a água do que a tachinha, já que possui

mais calor interno.
(e) Ambas as peças aquecem a água da mesma maneira; a diferença é que o parafuso perde energia para a água mais rapidamente do que a tachinha.

11.50 (IFSC - Edital 007/2010)

Um recipiente com água aquecida a 80 °C esfria para 79 °C em 15 s, quando colocado em uma sala mantida a 20 °C. Estime o tempo que levará para esfriar de 50 °C para 49 °C. E depois, para esfriar de 40 °C para 39 °C.
(a) 45 s e 30 s, respectivamente.
(b) 30 s e 45 s, respectivamente.
(c) 5 s e 8 s, respectivamente.
(d) 50 s e 80 s, respectivamente.
(e) 15 s e 15 s, respectivamente.

11.51 (SINAES/ENADE -2014)

A lei de Dulong e Petit oferece uma boa previsão para o calor específico de muitos sólidos com estrutura cristalina relativamente simples. Essa lei estabelece que o calor específico (a volume constante) de todos os sólidos, c_v, é igual a $6\frac{cal}{mol°C}$ ou, simplesmente, $c_v = 3R$, em que R é a constante universal dos gases. Contudo, foram descobertas exceções a essa lei. Além disso, experiências mostram que o calor específico varia ao se reduzir a temperatura, tendendo a zero quando a temperatura tende ao 0 K.
Nesse contexto, avalie as asserções a seguir e a relação proposta entre elas.
I. Albert Einstein introduziu um modelo para descrever o calor específico dos sólidos, o qual
foi bem-sucedido quando comparado com os dados experimentais para qualquer valor de
temperatura, tanto qualitativamente quanto quantitativamente.
PORQUE

II. Para dar conta das propriedades térmicas de sólidos cristalinos, o modelo de Einstein
considerou que o sólido formado por uma rede de osciladores em que os átomos de rede
vibram em torno de suas posições de equilíbrio com a mesma frequência de forma quantizada.
A respeito das asserções, assinale a opção correta.
(a) As asserções I e II são proposições verdadeiras, e a II é uma justificativa correta da I.
(b) As asserções I e II são proposições verdadeiras, mas a II não é uma justificativa correta da I.
(c) As asserções I é uma proposição verdadeira, e a II é uma proposição falsa.
(d) As asserções I é uma proposição falsa, e a II é uma proposição verdadeira.
(e) As asserções I e II são proposições falsas.

Sugestão de solução.
Esta questão diz respeito ao modelo proposto por Albert Einstein, em 1907, para descrever a capacidade térmica isocórica de sólidos. Até então, a explicação era dada via lei de Dulong e Petit, baseada no teorema da equipartição da energia e este, por sua vez, deduzido por meio das leis da mecânica clássica. Esse teorema afirmava que para cada termo quadrático no hamiltoniano de uma partícula, dever-se-ia acrescentar $\frac{kT}{2}$ na energia da partícula, em que k é a constante de Boltzmann e T é a temperatura absoluta. No caso de partículas vibrando em um sólido tridimensional, a energia cinética contribui com três termos quadráticos para a energia da partícula. O mesmo ocorre para a energia potencial. Portanto, a energia média de cada partícula seria:

$$E = 3\frac{kT}{2} + 3\frac{kT}{2} = 3kT.$$

Considerando-se N partículas, obter-se-ia: $U = 3NkT = 2RT$, na qual R é a constante universal dos gases. Partindo-se da definição de calor específico molar a volume constante, ter-se-ia:

$$c_V = \left(\frac{\partial U}{\partial T}\right)_V = 3R.$$

Reiterando, a lei de Dulong e Petit enuncia que, para um sólido cristalino, o calor específico molar isocórico corresponde ao valor $3R$, ou $6\frac{cal}{g} \, °C$.
Dados experimentais subsequentes mostraram que essa lei falhava para qualquer sólido no regime de baixas temperaturas. Einstein notara, particularmente, que havia um desvio grosseiro na predição do calor específico do diamante. Dessa forma, desenvolveu um modelo geral do calor específico dos sólidos em função da temperatura, assumindo que o sólido consiste em um *ensemble* de osciladores harmônicos quânticos independentes e todos vibrando com uma mesma frequência de oscilação. Tal modelo prediz uma capacidade térmica molar isocórica que decai a zero quando $T \to 0$ e que se iguala a $3R$ quando $T \to \infty$, condizendo, respectivamente, com o postulado de Nernst e com a lei de Dulong e Petit. Nota-se, portanto, que o modelo de Einstein é um modelo quântico, uma vez que supõe a quantização da energia de cada oscilador.
O modelo de Einstein foi de grande valor devido ao fato de ter sido o primeiro a descrever o calor específico levando em conta a influência da mecânica quântica na rede cristalina de um sólido. Entretanto, apresenta desvios significativos em relação à curva experimental, salvo a altas temperaturas (acima de $300 \, K$), para as quais mostra-se uma boa aproximação. O modelo de Debye, posterior ao de Einstein, aproximou tais desvios à curva experimental, considerando que numa rede cristalina as frequências de oscilação não são independentes, afetando umas às outras.
Posto isso, analisemos as duas asserções propostas no enunciado.
A asserção I é uma proposição falsa, pois afirma equivocadamente que o modelo de Einstein "foi bem-sucedido quando comparado com os dados experimentais *para qualquer valor de temperatura*, tanto qualitativamente quanto quantitativamente".

Apresenta-se a seguir o gráfico qualitativo do calor específico molar isocórico em função da temperatura. Observa-se que as curvas experimentais, a prevista pelo modelo de Einstein e a prevista pelo modelo de Debye, alcançam a previsão clássica de Dulong e Petit para altas temperaturas, correspondendo, aproximadamente, ao valor de $3R$. Observa-se, no entanto, que a curva do modelo de Einstein diferencia-se da curva experimental para temperaturas abaixo de $300\ K$, não sendo uma boa aproximação quantitativa, ainda que seja uma aproximação qualitativa interessante. Além disso, como dito antes, o modelo de Debye acabou aproximando-se mais da curva experimental do que o de Einstein.

Figura 11.51 — Ilustração.

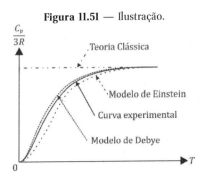

Fonte: Adaptada de *what-when-how* (2011).

Com isso, conclui-se que a asserção I está incorreta ao afirmar que o modelo é uma boa aproximação para qualquer valor de temperatura. A asserção II é uma proposição verdadeira, pois explica corretamente os fundamentos do modelo de Einstein, o qual se refere a um "[...] sólido formado por uma rede de osciladores em que todos os átomos da rede vibram em torno de suas posições de equilíbrio com a mesma frequência de oscilação". Reiterando, a asserção I é falsa e a II é verdadeira. Portanto, a alternativa correta é o **item (d)**.

11.52 (PPG-FIS/UFG – 2018.1)

No caso da condensação Bose-Einstein,
(a) o número de partículas aumenta em baixos níveis de energia a baixas temperaturas e altas pressões;
(b) o número de partículas diminui em baixos níveis de energia a baixas
temperaturas e altas pressões;
(c) o número de partículas aumenta em baixos níveis de energia em altas temperaturas e baixas pressões;
(d) o número de partículas diminui em níveis de energia mais baixos a altas temperaturas e baixas pressões.

11.53 (PPGF-UFLA – 2013.2)

Uma barra de cobre com massa $m_c = 75\ g$ é aquecida em um forno de laboratório até a temperatura $T = 312\ °C$. A barra é deixada cair numa proveta de vidro contendo uma massa de água $m_a = 220\ g$. A capacidade calorífica da proveta é $C_P = 45\frac{cal}{K}$. A temperatura inicial da água e da proveta é $T_i = 12\ °C$. Considerando que a barra, a proveta e a água formam um sistema isolado e que a água não evapora, encontre a temperatura final T_f do sistema no equilíbrio térmico. Dados: calor específico do cobre $c_c = 0,093\frac{cal}{gK}$, calor específico da água $c_a = 1,00\frac{cal}{gK}$.
Sugestão de Solução.

Solução em vídeo.

11.54 (PPGF-UFLA – 2019.1)

Coloca-se uma barra de metal $\left(c = 2\frac{cal}{g}\,°C\right)$ a $100\ °C$ sobre um grande bloco de gelo a $0\ °C$. Qual é a massa da barra se, quando o sistema atingir o equilíbrio térmico, $500\ g$ de gelo derreterem?

11.55 (COMPERVE-UFRN – 2008)

Considere as afirmações abaixo relativas à propagação do calor:
I) a propagação de calor por irradiação ocorre também no vácuo.
II) todo o corpo bom absorvedor de calor é também um bom emissor.
III) a propagação de calor característica nos líquidos e gases é a convecção.
IV) o Sol aquece a Terra diretamente tanto por irradiação quanto por convecção.
As três afirmativas corretas são:
(a) I, II e III.
(b) I, II e IV.
(c) II, III e IV.
(d) I, III e IV.

11.56 (COMPERVE-UFRN – 2011)

Dois blocos idênticos de $2\ kg$ de cobre, um com uma temperatura inicial de $T_1 = 100\ °C$ e
outro com temperatura inicial $T_2 = 0\ °C$, se encontram em um *container* perfeitamente isolado. Os dois blocos estão inicialmente separados. Quando os blocos são postos em contato um com o outro, eles atingem equilíbrio a uma temperatura T_f. Considerando que o calor específico do cobre é de $0,1\frac{kcal}{kgK}$, a quantidade de calor trocada entre os dois blocos neste processo é:
(a) $1\ kcal$.
(b) $20\ kcal$.
(c) $5\ kcal$.
(d) $10\ kcal$.

11.57 (IDECAN/SEEC-RN – Edital 001 de 2015)

Num recipiente em que se encontram 500 g de um certo líquido a 90 $°C$ foi colocado um objeto de massa 200 g a uma temperatura de 30 $°C$. Se o equilíbrio térmico ocorreu a 60 $°C$, então a razão entre o calor específico da substância que constitui esse corpo e o calor específico do líquido é igual a:
(a) 2.
(b) 4.
(c) $\frac{1}{2}$.
(d) $\frac{1}{4}$.

11.58 (NCE-UFRJ – Edital 28 de 2008)

Um recipiente de paredes adiabáticas e capacidade térmica desprezível contém um bloco de gelo de massa M a 0 $°C$. Injeta-se no recipiente uma massa m de vapor d'água a 100 $°C$. Considere o calor de fusão do gelo $80\frac{cal}{g}$, o calor de condensação do vapor d'água $540\frac{cal}{g}$ e o calor específico da água líquida $1,00\frac{cal}{g°C}$. Para que, ao ser atingido o equilíbrio térmico, o recipiente ainda contenha gelo, é necessário que:
(a) $M > 8\ m$.
(b) $M > 27\ m\ /\ 4$.
(c) $M > 6\ m$.
(d) $M > 5\ m$.
(e) $M > 5\ m\ /\ 4$.
Sugestão de Solução.

Solução em vídeo.

11.59 (UFMG - 2008)

Um corpo A tem duas vezes a massa e metade do calor específico de outro corpo B. Quando ambos recebem a mesma quantidade de calor, a variação de temperatura de A é:
(a) duas vezes a de B.
(b) igual à de B.
(c) um quarto da de B.
(d) quatro vezes a de B.

11.60 (PROAD-CGD/UFMT- Edital 005 de 2008)

A vida aquática em lagos se mantém mesmo em invernos rigorosos, quando, com a diminuição da temperatura ambiente dia após dia, somente a superfície das águas se congela devido à dilatação anômala da água. Isso pode ser explicado da seguinte forma:
(a) Quando a temperatura da água atinge 4 °C, sua densidade é mínima, diminuindo o processo de convecção e ocasionando a formação de gelo apenas nas camadas superficiais.
(b) Quando a temperatura da água atinge 0 °C, sua densidade é mínima, aumentando o processo de convecção e ocasionando a formação de gelo apenas nas camadas superficiais.
(c) Quando a temperatura da água atinge 0 °C, sua densidade é máxima, diminuindo o processo de convecção e ocasionando a formação de gelo apenas nas camadas superficiais.
(d) Quando a temperatura da água atinge 4 °C, sua densidade é máxima, diminuindo o processo de convecção e ocasionando a formação de gelo apenas nas camadas superficiais.
(e) Quando a temperatura da água atinge -4 °C, sua densidade é mínima, aumentando o processo de convecção e ocasionando a formação de gelo apenas nas camadas superficiais.

11.61 (UNIFAP - 2008)

Um cubinho de gelo com massa igual a $0,075$ kg é retirado do congelador, onde a temperatura era igual a -10 $°C$, e a seguir é colocado em um copo com água a $0,0$ $°C$.
Sabendo que não ocorre nenhuma troca de calor com o ambiente, qual é a quantidade de água que congela?
(a) $5,5 * 10^{-4}$ kg.
(b) $2,1 * 10^{-3}$ kg.
(c) $3,8 * 10^{-2}$ kg.
(d) $4,7 * 10^{-3}$ kg.
(e) $3,6 * 10^{-3}$ kg.

11.62 (PROAD-CGD/UFMT- 2008)

Um dos fatores que faz parte do quadro de aquecimento global é a diminuição da quantidade de gelo que influencia a temperatura média global, pois:
(a) o gelo absorve os raios solares impedindo que cheguem à crosta da Terra.
(b) o gelo impede que o calor vindo do centro da Terra chegue à sua superfície.
(c) os icebergs que se desprendem dos polos resfriam os oceanos contribuindo significativamente para a diminuição do aquecimento global.
(d) o gelo absorve os raios infravermelhos diminuindo o efeito estufa.
(e) o gelo contribui para a reflexão dos raios solares e para a atenuação da quantidade de energia absorvida pela Terra.

11.63 (COPESE/UFT - 2009)

Em um recipiente isolado termicamente existe 0,5 kg de água a uma temperatura de 20 $°C$ a 1 atm. Colocam-se 4 cubos de gelo a 0 $°C$ na água. Cada cubo possui uma massa de 25 g. O valor que melhor representa a temperatura final do conjunto após atingir o equilíbrio

térmico é:
(a) $3\ °C$.
(b) $7\ °C$.
(c) $5\ °C$.
(d) $9\ °C$.

11.64 (COPESE/UFT - 2010)

Para determinar o material do qual é feito um bastão de massa $m = 100,0\ g$ foi realizado um experimento usando um calorímetro de mistura ideal. Dentro do calorímetro, cuja capacidade calorífica é $C = 120,0\frac{cal}{g}$, foram colocados $400,0\ g$ de água pura. Após o sistema calorímetro +água atingir o equilíbrio, a uma temperatura de $25\ °C$, foi inserido no calorímetro o bastão, cuja temperatura era de $98\ °C$. Sabendo que o sistema calorímetro + água + bastão atinge o equilíbrio à temperatura de $28\ °C$ e utilizando a tabela abaixo, pode-se concluir que o material do qual o bastão é feito é:
Dado: $c_{água} = 1,0\frac{Cal}{g\ °C}$.

Material	$c\left(\frac{cal}{g°C}\right)$
Madeira	0,4200
Alumínio	0,2200
Ferro	0,1100
Latão	0,940
Cobre	0,0920

(a) Latão.
(b) Madeira.
(c) Cobre.
(d) Alumínio.
(e) Ferro.

11.65 (UFBA/UFRB – 2009)

Julgue com verdadeira ou falsa a seguinte proposição:
A ebulição de 1 kg de água a 0 $°C$ — colocado num recipiente de capacidade calorífica desprezível, a ser aquecido por um aquecedor elétrico de potência igual a 1 kW — ocorrerá dois minutos após o aquecedor ser ligado.

11.66 (IDECAN/Perito Criminal-CE – 2021)

Devido à pandemia de covid-19, a Olimpíada, que deveria ocorrer no ano de 2020 no Japão, foi adiada para o ano de 2021. Uma das provas olímpicas é a de tiro ao alvo, praticado com carabina de ar. Numa prova esportiva de tiro ao alvo, o projétil de uma carabina possui massa de 14 g e viaja a 300 m/s no instante em que toca uma parede na qual está o alvo, ficando encrustada na parede. Considerando que a energia cinética do projétil foi totalmente convertida em energia térmica, e sabendo que o calor específico do material do qual o projétil é feito, é 0,093 $\frac{cal}{g°C}$, a aceleração da gravidade no local vale 10 $\frac{m}{s^2}$ e que 1 cal = 4,2 J, poderemos determinar a elevação da temperatura do projétil como sendo de:
(a) 484 °C.
(b) 93,0 °C.
(c) 115 °C.
(d) 10,7 °C.
(e) 21,4 °C.

11.67 (IDECAN/Perito Criminal-CE – 2021)

Em um processo há a necessidade de se transformar gelo, que se encontra a -25 °C, em vapor a 250 °C. Em relação a esse processo, assinale a afirmativa INCORRETA.
São dados:
☐ Calor específico da água: 1 $\frac{cal}{g \, °C}$;

☐ Calor específico do gelo: $0,5\frac{cal}{g\,°C}$;
☐ Calor específico do vapor: $0,5\frac{cal}{g\,°C}$
? Calor latente de fusão do gelo: $80\frac{cal}{g}$.
☐ Calor latente de vaporização da água: $540\frac{cal}{g}$.
(a) É necessário fornecer 83,68 kJ para elevar a temperatura da água de 0 °C até 100 °C.
(b) A vaporização da água requer o fornecimento de 108 $kcal$.
(c) Para elevar o vapor a 250 °C, é necessário o fornecimento de 15,0 $kcal$.
(d) O processo de fusão do gelo ocorre entre -25 °C e 0 °C e necessita que sejam fornecidos 16 $kcal$.
(e) Durante a vaporização, o sistema recebe energia, mas não há elevação de temperatura.

11.68 (CESPE-UnB/Perito Criminal-PE – 2016)

Em um reservatório termicamente isolado, 1 kg de material X foi colocado em contato térmico com 1 kg de material Y. Ao atingirem equilíbrio térmico, o material X sofreu variação de temperatura de 50 °C, e o material Y, de -20 °C. Em outro reservatório térmico, 2 kg do material X foram colocados em contato térmico com 2 kg de material Z. Nesse caso, quando foi atingido o equilíbrio térmico, os materiais X e Z sofreram variações de temperatura de 20 °C e -10 °C, respectivamente. Nessa situação, e considerando-se que C indica o valor de calor específico de cada material citado (X, Y e Z), é correto afirmar que:
(a) $C_X < C_Z$ e $C_Z > C_Y$.
(b) $C_X = C_Y > C_Z$.
(c) $C_X > C_Z > C_Y$.
(d) $C_X < C_Z < C_Y$.
(e) $C_X > C_Z$ e $C_Z < C_Y$.

11.69 (CESPE-UnB/Perito Criminal-PE – 2016)

Um quarto é iluminado por uma lâmpada elétrica de 200 W. Do total de energia gerada por essa lâmpada, 50% são convertidos em luz visível, e os outros 50 % em calor. Nessa situação, se a lâmpada desse quarto ficar ligada durante um dia inteiro, a quantidade de calor transferida da lâmpada para o quarto nesse período, em MJ, será de:
(a) 9,13.
(b) 9,45.
(c) 8,64.
(d) 1,64.
(e) 9,20.

11.70 (CESPE-UnB/Perito Criminal-PE – 2016)

Sabendo-se que o calor de fusão do gelo e igual a $80\frac{cal}{g}$, que o calor de vaporização da agua e igual a $540\frac{cal}{g}$, que o calor especifico do vapor da agua e igual a $0,50\frac{cal}{g}$ e que o calor especifico da agua liquida e igual a $1\frac{cal}{g°C}$, é correto afirmar que a quantidade de calor necessária para transformar 30 g de gelo a 0 °C em vapor d'água a 150 °C é :
(a) $2,40 * 10^3$ cal.
(b) $7,50 * 10^2$ cal.
(c) $22,35 * 10^3$ cal.
(d) $21,60 * 10^3$ cal.
(e) $5,40 * 10^3$ cal.

11.71 (CESPE-UnB/Perito Criminal-PE – 2016)

Uma caixa de metal e uma de papelão, de mesmo tamanho, foram colocadas no interior de uma sala de temperatura homogênea. Após algum tempo, a caixa de metal ficara mais fria ao toque que a caixa de papelão porque:
(a) o coeficiente de condutibilidade térmica do metal e maior que o do papelão.

(b) a capacidade térmica do metal e maior que a do papelão.
(c) o coeficiente de condutibilidade térmica do metal e menor que o do papelão.
(d) a densidade do papelão e menor que a do metal.
(e) o calor específico do metal e menor que o do papelão.

11.72 (NUCEPE-UESPI/Perito Criminal-PI – 2012)

Dois calorímetros idênticos A e B contêm massas diferentes de uma mesma substância líquida em seus interiores, respectivamente: $\frac{m}{2}$ e $\frac{m}{4}$. A temperatura da substância líquida no interior de cada calorímetro vale, respectivamente: $\frac{T_0}{2}$ e $\frac{T_0}{4}$, onde $T_0 = 20$ °C é a temperatura ambiente externa aos calorímetros. O conteúdo dos dois calorímetros é misturado entre si, supondo que não haja perda de calor considerável neste processo. A mistura atinge então uma temperatura final de equilíbrio T, dada aproximadamente por:
(a) $8,3$ °C.
(b) $7,5$ °C.
(c) $9,0$ °C.
(d) $6,7$ °C.
(e) $5,7$ °C.

11.73 (IBFC/Perito Criminal-RJ – 2013)

Um determinado experimento físico se fez necessário. O perito possui um calorímetro de capacidade térmica $40\frac{cal}{°C}$ (em equilíbrio térmico com a água), com $0,8$ kg de água à temperatura ambiente (20 °C). É introduzido neste calorímetro uma peça (prova) de um cadáver de massa igual a 1 kg a 35 °C. Com base nestes dados foi constatado que a temperatura do primeiro equilíbrio térmico será de:
Dados: c (água-líquida) $= 1,0\frac{cal}{g°C}$ e c (corpo $-$ humano) $= 0,83\frac{cal}{g°C}$.
(a) $20,36$ °C.
(b) $27,45$ °C.
(c) $28,44$ °C.

(d) 25, 24 ℃.
(e) 29, 32 ℃.

11.74 (IBFC – Perito Criminal-RJ – 2013)

Um determinado experimento se faz necessário para um processo em andamento. O experimento consiste em misturar 0, 25 Kg de água a 100 ℃ com 1, 0 kg de água (em estado líquido) a 0 ℃. Considerando que não haverá perda de calor para o meio ambiente/recipiente a temperatura final do 1, 25 kg de água é de:
Dado: $c\,(água) = 1,0\frac{cal}{g°C}$.
(a) 40 ℃.
(b) 50 ℃.
(c) 30 ℃.
(d) 34 ℃.
(e) 20 ℃.

11.75 (FUNCAB – Perito Criminal-MT – 2013)

Ao derramar 100 cm^3 de café a 80 ℃ num copo de leite morno a 40 ℃, obtêm-se 200 cm^3 de café com leite, cuja temperatura aproximada será de:
(a) 70 ℃.
(b) 68 ℃.
(c) 50 ℃.
(d) 49 ℃.
(e) 60 ℃.

11.76 (FUNCAB – Perito Criminal-MT – 2013)

Um engenheiro inglês constatou que uma determinada massa gasosa ocupa um volume V a
uma temperatura de -103 °F. Posteriormente, ele observou que a pressão triplicou e a temperatura se elevou para 253, 4 °F. Ao calcular o volume final V da massa de gás no processo, o engenheiro constatou

que:
(a) $V = V_0$.
(b) $V = 2\ V_0$.
(c) $V = 2\ V_0/\ 3$.
(d) $V = 3\ V_0/\ 2$.
(e) $V = V_0/\ 3$.

11.77 (NC/UFPR/Colégio Militar-PR - 2013)

Em calorimetria, a quantidade de calor, por unidade de massa, necessária para elevar de um grau a temperatura de uma substância é denominada de:
(a) calor.
(b) caloria.
(c) calor latente.
(d) calor específico.
(e) capacidade térmica.

11.78 (Exército Brasileiro/Colégio Militar-MG - 2013)

Num dia quente de verão, Marisa chegou em casa sonhando em tomar uma água "geladinha", mas não havia nenhuma dentro da geladeira. Então ela verificou que ainda havia gelo no congelador, e colocou todo o conteúdo de uma das formas, $200\ g$, em um litro $(1,0\ l)$ de água do filtro, que estava à temperatura ambiente: $30\ °C$. Considere o calor específico da água como $1,0\frac{cal}{g°C}$, sua densidade, $1,0\frac{g}{cm^3}$, seu calor latente de fusão, $80\frac{cal}{g}$ e o calor específico do gelo como $0,55\frac{cal}{g°C}$. Supondo que o gelo estivesse a $-10\ °C$ e desprezando a influência da vizinhança, poderíamos dizer que Marisa tomou água a uma temperatura de, APROXIMADAMENTE:
(a) $-25\ °C$.
(b) $0\ °C$.
(c) $10\ °C$.

(d) 14 °C.
(e) 18 °C.
Sugestão de Solução.

Solução em vídeo.

11.79 (MSCONCURSOS/Prefeitura Municipal de Pelotas-RS – 2011)

Em um calorímetro de capacidade térmica 30 $cal/°C$ e temperatura 40 °C, são colocados um bloco maciço de uma liga metálica desconhecida de 200 g que estava a 120 °C de temperatura. Junto ao calorímetro foram colocados 100 g de água na mesma temperatura do calorímetro. Sabendo que após certo tempo atingisse o equilíbrio térmico, encontre a temperatura aproximada no qual acontece esse equilíbrio.
Dados: calor específico da água = $1\frac{cal}{g°C}$ e calor específico da liga = $0,3\frac{cal}{g°C}$.
(a) 65 °C.
(b) 75 °C.
(c) 110 °C.
(d) 115 °C.

11.80 (CEFET-BA – 2007/Tec. Lab. Fís)

Sabe-se que o líquido mais abundante em nosso planeta possui um comportamento diferente de outros líquidos quando sua temperatura varia de 4 °C a 0 °C, conforme nos mostra o diagrama do volume em função da temperatura de uma amostra deste líquido.
Baseado nestas informações, considere as asserções abaixo.

I. A dilatação deste líquido é aproximadamente regular no intervalo de temperatura de
10 °C a 30 °C.
II. A densidade deste líquido diminui quando a temperatura varia de 20 °C para 10 °C.
III. A densidade deste líquido aumenta quando a temperatura varia de 1 °C para 4 °C.

Figura 11.80 — Gráfico $V - T$ mostrando o comportamento anômalo da água.

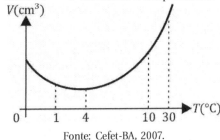

Fonte: Cefet-BA, 2007.

(a) Apenas I.
(b) Apenas II.
(c) Apenas III.
(d) I e II.
(e) I e III.

11.81 (CEFET-BA – 2007/Tec. Lab. Fís)

Uma panela de louça de barro está vazia e tem massa igual a 2,0 kg. Ao ser aquecida por uma fonte de calor constante, sua temperatura sofre uma variação de 50 °C num certo intervalo de tempo. Considerando que o calor específico da louça de barro seja igual a $0,8 \frac{KJ}{Kg°C}$ e 1 $cal \cong 4\ J$, pode-se afirmar que a quantidade de calor absorvida, em Kcal, por esta panela, neste intervalo de tempo, é de:
(a) 8.
(b) 20.
(c) 25.

(d) 80.
(e) 100.

11.82 (CEFET-BA – 2007/Tec. Lab. Fís)

Ao estudarmos a energia térmica, verificamos que sua propagação pode ocorrer predominantemente de três formas distintas: condução, convecção e irradiação. Analise os fenômenos descritos nas assertivas abaixo:
I. O aquecimento da Terra pelo Sol.
II. O aquecimento de uma rocha.
III. A circulação do ar numa sala climatizada.
A principal forma de propagação de calor envolvido nestes fenômenos, respectivamente, é:
(a) Irradiação, convecção, condução.
(b) Irradiação, condução, convecção.
(c) Convecção, irradiação, condução.
(d) Irradiação, condução, condução.
(e) Condução, convecção, irradiação.

11.83 (CEFET-BA – 2007/Tec. Lab. Fís)

Um grupo de estudantes tomou três esferas A, B e C de materiais e características diferentes conforme apresentadas na tabela. Colocaram-se as massas, uma por vez, sobre uma fonte de calor constante e isolada termicamente, durante certo intervalo de tempo, sem que ocorresse mudança de estado. A variação de temperatura de cada esfera é, respectivamente, Δt_A, Δt_B e Δt_C. Ao término do aquecimento, pode-se afirmar que:

ESFERAS	MATERIAL	$m\ (g)$	$c\ (cal/g°C)$
A	Vidro	500	0,19
B	Cobre	400	0,092
C	Porcelana	200	0,26

(a) $\Delta t_A > \Delta t_B > \Delta t_C$.
(b) $\Delta t_C > \Delta t_B > \Delta t_A$.
(c) $\Delta t_B > \Delta t_C > \Delta t_A$.
(d) $\Delta t_C > \Delta t_A > \Delta t_B$.
(e) $\Delta t_B > \Delta t_A > \Delta t_C$.

11.84 (UEPB-COMVEST/SEE-PB – 2005)

Um professor de Física tentou obter a relação entre 1 cal e 1 J. Para isso ele colocou uma certa massa m em gramas de pequenos grãos de chumbo no interior de um tubo de PVC de $1,0$ m de comprimento, fechado em ambas as extremidades. Inicialmente colocou o tubo verticalmente e mediu a temperatura do chumbo com um termômetro introduzido na lateral que fazia contato direto com os grãos. Em seguida, inverteu o tubo 20 vezes sucessivas, de modo que a cada inversão os grãos sofreram uma queda de $1,0$ m. Ao fazer uma nova leitura no termômetro, verificou que o chumbo sofreu uma elevação de temperatura de $1,5$ °C. Adotando $g = 10\frac{m}{s^2}$ e o calor específico do chumbo $c = 0,031\frac{cal}{g°C}$, o equivalente mecânico de 1 caloria (1 cal) obtida pelo professor foi:
(a) $4,14$ J.
(b) $4,2$ J.
(c) $4,3$ J.
(d) $4,12$ J.
(e) $4,5$ J.

11.85 (COMPROV/UFCG – 2008)

Um recipiente de paredes adiabáticas contém 2 l de água a 30 °C. Coloca-se nele um bloco de 500 g de gelo. Sabendo-se que o calor de fusão do gelo é de $80\frac{cal}{g°C}$, pode-se afirmar que a temperatura final do sistema será de:
Dados:
Densidade da água: $\frac{1g}{cm^3}$.

Calor específico da água: $\frac{1 cal}{g °C}$.
(a) 10 °C.
(b) 0 °C.
(c) 8 °C.
(d) 28 °C.
(e) 30 °C.

11.86 (COMPROV/UFCG - 2008)

As variações de temperatura de dois corpos de massas M_1 e M_2 são iguais quando cada um fornece a mesma quantidade de calor. Sobre a relação entre os calores específicos c_1 e c_2 pode-se afirmar que:

(a) $c_1 = \left(\frac{M_1}{M_2}\right) c_2$.
(b) $c_1 = \left(\frac{M_2}{M_1}\right) c_2$.
(c) $c_1 = c_2$.
(d) $c_1 = \frac{1}{c_2}$.
(e) NDA.

11.87 (UFMT/UFT - Edital 12 de 2014)

Deseja-se resfriar um cilindro de armazenamento contendo 15 $moles$ de gás comprimido de 40 °C para 10 °C. Considere o quadro a seguir dos calores específicos molares de gases a volume constante (c_V) a baixas pressões.

Tipo de Gás	Gás	c_V ($J/molK$)
Monoatômico	He	12,47
	Ar	12,47
Diatômico	H_2	20,42
	N_2	20,76
	O_2	20,85
	CO	20,85
Poliatômico	CO_2	28,46
	SO_2	31,39
	H_2S	25,95

A partir dessas informações, com qual tipo de gás esse processo será mais fácil?
(a) Um gás diatômico.
(b) Um gás poliatômico.
(c) Um gás monoatômico.
(d) Seria igualmente fácil com todos esses gases.

11.88 (UFSC - 2008)

Assinale a alternativa CORRETA.
(a) Na irradiação a transferência de calor se faz somente através de meios materiais.
(b) Na condução, a transferência de calor se faz molécula a molécula, sendo que as moléculas frias se deslocam para as regiões quentes e as moléculas mais quentes se deslocam para as regiões mais frias.
(c) Na convecção, a transferência de calor é feita de molécula a molécula sem que haja transporte das mesmas.
(d) O calor pode passar de um corpo para o outro de três modos diferentes: por condução, por convecção e por irradiação.
(e) A condução térmica ocorre somente nos sólidos.

11.89 (MOVENS/SESPA - 2008)

Calor é a energia transferida entre um sistema e seu ambiente, devido a uma diferença de temperatura entre eles. Assinale a opção que descreve corretamente a sensação sentida ao tocar com a mão o alumínio e a madeira, dado que são objetos de materiais diferentes, estando à mesma temperatura de 5 °C.
(a) A sensação é de que a madeira parece muito mais fria que o alumínio.
(b) A sensação é de que os dois estão à mesma temperatura.
(c) A sensação é de que o alumínio parece muito mais frio que a madeira.
(d) Não há diferença da sensação.

11.90 (CESPE-UnB/SEDUC-AM – Adaptada – 2011)

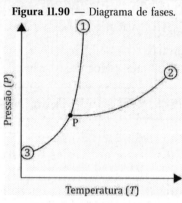

Figura 11.90 — Diagrama de fases.

Fonte: Cespe/UnB (2011).

O gráfico acima, conhecido por diagrama de fases, representa termodinamicamente as fases da matéria em função da pressão P e da temperatura T de uma mesma substância.

Com relação ao diagrama acima, julgue os itens subsequentes como V quando verdadeiro ou F quando falso.

( ) Uma substância na fase sólida ou na fase de vapor que se encontra a uma pressão abaixo da pressão do ponto triplo, se aquecida ou resfriada, respectivamente, passará diretamente de uma dessas fases para a outra.

( ) O diagrama de fases será o mesmo, qualquer que seja a substância analisada.

( ) O ponto P é denominado ponto triplo ou ponto tríplice, no qual as três fases — sólido, líquido e gasoso — estão em equilíbrio.

11.91 (SGA/SEE-AC – Edital 005 de 2014)

No interior de um recipiente termicamente isolado, são misturados 200 g de alumínio, cujo calor específico é $0,2\frac{cal}{g\,°C}$, à temperatura inicial de 100 $°C$, com 100 g de água, de calor específico $1\frac{cal}{g\,°C}$, à

temperatura inicial de 30 °C. A temperatura final de equilíbrio térmico dessa mistura é:
(a) 40 °C.
(b) 62 °C.
(c) 50 °C.
(d) 10 °C.

11.92 (FUNCAB/CGA-AC – 2012)

Quantas $kcal$ são necessárias para que $1,5$ $litros$ de água, inicialmente a 25 °C, comece a ferver? (Considere 1 $litro$ = 1 kg e $c = 1\frac{cal}{g°C}$ o calor específico da água.)
(a) 113,4.
(b) 115,2.
(c) 114,3.
(d) 111,6.
(e) 112,5.

11.93 (CEPERJ/SEEDUC-RJ – 2014)

Analise as afirmativas abaixo:
1ª afirmativa: Na linguagem coloquial, é comum dizer que um corpo está "quente" para indicar que sua temperatura é elevada. No entanto, os corpos não possuem "calor", embora suas moléculas tenham energia.
2ª afirmativa: Chamamos de calor a energia que se transfere de um corpo para outro em virtude, exclusivamente, da diferença entre suas temperaturas. Portanto, calor é energia em trânsito.
Considerando o conteúdo das duas afirmativas e a existência ou não de uma relação entre elas, pode-se afirmar que:
(a) As duas são corretas e a segunda justifica a primeira.
(b) As duas são corretas, mas a segunda não justifica a primeira.
(c) Apenas a primeira é correta.
(d) Apenas a segunda é correta.
(e) Ambas são incorretas.

11.94 (CEPERJ/SEEDUC-RJ – 2014)

Num dia de verão, vertem-se numa garrafa térmica de capacidade térmica desprezível 825 g de água a temperatura ambiente (30 °C). Para resfriá-la, introduzem-se na garrafa cubos de gelo, de 50 g cada um, a – – 10 °C. O calor específico do gelo é $0,50\frac{cal}{g°C}$, o calor específico da água $1,0\frac{cal}{g°C}$ e o calor latente de fusão do gelo é $80\frac{cal}{g}$. Para que, ao ser atingido o equilíbrio térmico, a garrafa contenha apenas água na fase líquida, o número de cubos de gelo nela introduzidos deve ser, no máximo:
(a) 2.
(b) 3.
(c) 4.
(d) 5.
(e) 6.
Sugestão de Solução.

Solução em vídeo.

11.95 (CEPERJ/SEEDUC-RJ – 2014)

Um forno de micro-ondas está ligado de acordo com as instruções do manual: 120 V – 10 A. Coloca-se em seu interior uma vasilha com 300 g de água a 25 °C e aperta-se o botão "1 min" (o que significa que, a partir do instante em que começa a funcionar, decorrido 1 min ele desliga automaticamente). Considere o calor específico da água $4.103\frac{J}{kg°C}$. Supondo que 75 % da energia eletromagnética disponibilizada durante esse minuto seja absorvida pela água, sua temperatura, quando o micro-ondas desligou automaticamente, passou

a ser de:
(a) 55 °C.
(b) 60 °C.
(c) 65 °C.
(d) 70 °C.
(e) 75 °C.

11.96 (CEPERJ/SEEDUC-RJ – 2015)

Um calorímetro de capacidade térmica desprezível contém gelo a −50 °C. Nele é injetado vapor d'água a 100 °C. A figura abaixo representa, em gráfico cartesiano, como suas temperaturas variam em função das quantidades de calor (em módulo) que um cede e outro recebe.

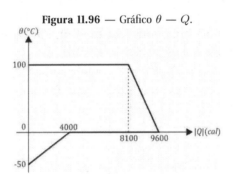

Figura 11.96 — Gráfico $\theta - Q$.

Fonte: Ceperj (2015).

O calor específico da água (líquida) é $1,0\frac{cal}{g°C}$, e do gelo é $0,5\frac{cal}{g°C}$ e o calor latente de fusão do gelo é $80\frac{cal}{g}$. Sejam m_g a massa do gelo e m_a a massa de água existentes no calorímetro quando é atingido o equilíbrio térmico. Essas massas valem, respectivamente:
(a) $m_g = 0\ g\ e\ m_a = 160\ g$.
(b) $m_g = 0\ g\ e\ m_a = 175\ g$.
(c) $m_g = 160\ g\ e\ m_a = 15\ g$.
(d) $m_g = 90\ g\ e\ m_a = 70\ g$.
(e) $m_g = 90\ g\ e\ m_a = 85\ g$.

11.97 (CEPERJ/SEEDUC-RJ – 2015)

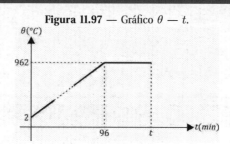

Figura 11.97 — Gráfico $\theta - t$.

Fonte: Ceperj (2015).

Deseja-se derreter completamente uma amostra de prata. Utiliza-se, para isso, uma fonte que lhe fornece calor à razão constante. A fonte é ligada quando a temperatura da amostra é de 2 °C e desligada no exato instante em que a fusão se completa. A Figura 11.97 mostra como a temperatura da amostra varia em função do tempo, a contar do instante em que a fonte é ligada ($t = 0$).

O calor específico da prata no estado sólido é $0,06\frac{cal}{g°C}$ e o calor latente de fusão é $24\frac{cal}{g}$. A fusão completa da amostra durou:

(a) 40 min.
(b) 36 min.
(c) 32 min.
(d) 28 min.
(e) 24 min.

11.98 (UESPI/SEDUC-PI – 2012)

A capacidade calorífica de um objeto é:
(a) a quantidade de energia calorífica que altera o estado do objeto sem alterar a temperatura.
(b) a quantidade de energia necessária para elevar a temperatura desse objeto por 1 °C.
(c) a quantidade de energia por unidade de massa.
(d) uma medida da sensibilidade do objeto à alteração do seu estado

de energia sem alteração de temperatura.
(e) a capacidade do objeto de armazenar energia.

11.99 (UESPI/SEDUC-PI – 2014)

Um pequeno bloco de prata, com massa $m_p = 100$ g, inicialmente aquecido a uma temperatura inicial T_p, é mergulhado em um recipiente contendo 200 g de água a uma temperatura inicial de 15 °C. Considerando que o recipiente está fechado, termicamente isolado, e que o sistema bloco e água atingem o equilíbrio térmico a uma temperatura de 30 °C, em que temperatura, T_p, estava inicialmente o bloco de prata?
(Dados: calor específico da prata: $c_p = 0,0564 \frac{cal}{g°C}$; calor específico da água:
$c_a = 1,00 \frac{cal}{g°C}$.)
(a) $T_p = 510$ °C.
(b) $T_p = 670$ °C.
(c) $T_p = 562$ °C.
(d) $T_p = 532$ °C.
(e) $T_p = 450$ °C.

11.100 (UESPI/SEDUC-PI – 2015)

Assinale a alternativa que define CORRETAMENTE calor.
(a) Trata-se de um sinônimo de temperatura em um sistema.
(b) É uma forma de energia contida nos sistemas.
(c) É uma energia em trânsito que se transfere de um corpo para outro devido à diferença de temperatura entre eles.
(d) É uma forma de energia superabundante nos corpos quentes.
(e) É uma forma de energia que se transfere do corpo mais frio para o corpo mais quente.

11.101 (FUNRIO/SEDUC-RO – 2008)

Misturam-se, num calorímetro ideal, 100 g de gelo a 0 °C com 100 g de água a 60 °C. Considerando que o calor específico da água é de $1\frac{cal}{g\,°C}$ e que o calor latente de fusão do gelo é de $80\frac{cal}{g}$, a temperatura final de equilíbrio do sistema é de:
(a) -10 °C.
(b) 0 °C.
(c) 10 °C.
(d) 20 °C.
(e) 30 °C.

11.102 (FUNRIO/SEDUC-RO – 2008)

Um refrigerador de uso doméstico tem uma superfície de aproximadamente 4 m^2. O isolamento térmico costuma ser feito com uma camada de 3 cm de espuma de poliestireno, cuja condutividade térmica é de $0,01\ Wm^{-1}K^{-1}$. Considere que o interior da geladeira esteja a 10 °C e que o ambiente externo esteja a 28 °C. Quanto calor flui através das paredes do refrigerador num intervalo de tempo de uma hora?
(a) 777600 J.
(b) 86400 J.
(c) 43200 J.
(d) 1440 J.
(e) 24 J.

11.103 (FUNRIO/SEDUC-RO – 2008)

Um coletor solar plano tem uma área de 2 m^2. Considere que a radiação solar atinge perpendicularmente o coletor com uma intensidade de $1000\frac{W}{m^2}$. Supondo que o rendimento deste coletor seja de 50%, quanto tempo ele deve ficar exposto ao sol para que possa aumentar em 20 °C a temperatura de 100 $litros$ de água?
Dados: $1cal = 4,2\ J$; calor específico da água $= \frac{1cal}{g\,°C}$.

(a) $7\ min.$
(b) $14\ min.$
(c) $35\ min.$
(d) $70\ min.$
(e) $140\ min.$

11.104 (FUNCAB/SEDUC-RO- 2010)

A transferência de calor pode ocorrer por diferentes processos. O processo de:
(a) condução só pode ocorrer nos sólidos.
(b) convecção pode ocorrer nos sólidos e nos líquidos.
(c) irradiação depende da existência de um meio material entre os dois corpos que trocarão calor, para que ele possa ocorrer.
(d) condução consiste no deslocamento das moléculas aquecidas pelo sistema, passando calor para as outras.
(e) radiação ou irradiação ocorre mesmo no vácuo.

11.105 (FUNCAB/SEDUC-RO - 2010)

Em um calorímetro de capacidade térmica igual a $80\frac{cal}{°C}$, contendo 220 $gramas$ de água $\left(C_{\text{água}} = 1,0\frac{cal}{g°C}\right)$ a 20 °C, introduzimos 40 $gramas$ de gelo $\left(C_{\text{gelo}} = 0,50\frac{cal}{g°C}\right)$ a -10 °C. Após atingido o equilíbrio térmico, considerando que o calor latente de fusão do gelo seja de $80\frac{cal}{g}$ e o sistema não troque calor com o ambiente, obteremos no interior do calorímetro:
(a) 260 g de água à 9,5 °C.
(b) 260 g de água à 0 °C.
(c) 260 g de gelo à 0 °C.
(d) 260 g de água à 7,6 °C.
(e) 10 g de gelo e 250 g de água à 0 °C.

11.106 (FUNCAB/SEDUC-RO – 2010)

Um aquecedor elétrico de potência igual a $4,0$ kW é usado para aquecer a água de um chuveiro cuja vazão é de $6,0\frac{litros}{minuto}$. A densidade e o calor específico da água valem, respectivamente, $1,0\frac{kg}{litro}$ e $1,0\frac{cal}{g°C}$, e $1,0$ $cal = 4,0$ J. A variação de temperatura sofrida pela água, em °C, é igual a:
(a) 10.
(b) 20.
(c) 25.
(d) 30.
(e) 35.
Sugestão de Solução.

Solução em vídeo.

11.107 (FUNCAB/SEDUC-RO – 2013)

Quando alguma amostra sólida ou líquida absorve energia na forma de calor, e a temperatura desta amostra não sofre qualquer variação, mas sofre uma mudança de fase (ou estado), diz-se que a quantidade de energia por unidade de massa transferida é o(a):
(a) calor específico.
(b) capacidade calorífica.
(c) calor total ou absoluto.
(d) calor intrínseco ou parcial.
(e) calor latente ou de transformação.

11.108 (FUNCAB/SEDUC-RO – 2013)

Se uma determinada quantidade de calor aquece 1 g de um material X de 5 °C e 1 g de um material Y de 6 °C, pode-se dizer que:
(a) os dois materiais possuem o mesmo calor específico.
(b) o material X possui calor específico maior que o de Y.
(c) o material Y possui calor específico maior que o de X.
(d) não podemos concluir nada, uma vez que o calor específico independe da temperatura.
(e) os valores dos calores específicos de ambos os materiais serão proporcionais.

11.109 (FUNCAB/SEDUC-RO – 2013)

Uma barra de cobre, cuja massa é de 100 g, é aquecida num forno industrial até uma temperatura de 300 °C. A barra é, em seguida, colocada num recipiente de vidro contendo 220 g de água. A capacidade térmica do vidro é $45\frac{cal}{K}$. A água encontra-se, inicialmente, a 12 °C. Supondo que a barra, o recipiente de vidro e a água são um sistema isolado e que a água não sofre evaporação, a temperatura final de equilíbrio é de:
Dados: $c = 0,0923\frac{cal}{gK}$, $c = 1,0000\frac{cal}{gK}$.
(a) 30,5 °C.
(b) 25,1 °C.
(c) 49,7 °C.
(d) 19,2 °C.
(e) 8,8 °C.

11.110 (IPAD/SEDUC-PE – 2006)

Dois corpos A e B, de mesma massa e inicialmente a diferentes temperaturas $t_A = 20$ °C e $t_B = 80$ °C, respectivamente, são colocados em um calorímetro ideal até que atinjam o equilíbrio térmico à temperatura $t_f = 60$ °C. Calcule a razão $\frac{c_B}{c_A}$ entre os seus calores específicos.

(a) 0, 5.
(b) 1, 0.
(c) 1, 5.
(d) 2, 0.
(e) 2, 5.

11.111 (UPENET/IAUPE/SEE-PE - 2008)

Analise as afirmações abaixo.
I. No vácuo, a única forma de transmissão de calor é por condução.
II. A convecção térmica só ocorre nos fluidos.
III. A condução e a convecção só ocorrem no vácuo.
IV. A convecção térmica ocorre em materiais no estado sólido.
V. A transmissão de calor por irradiação só ocorre em meios materiais.
Somente está CORRETO o que se afirma em:
(a) I.
(b) I e IV.
(c) III e V.
(d) II.
(e) V.

11.112 (UPENET/IAUPE/SEE-PE - 2008)

O diagrama abaixo representa a variação de temperatura θ °C de um corpo com o tempo t(min). Se o corpo tem massa de 400 g e recebe calor de uma fonte de potência constante igual a $200\frac{cal}{min}$ CORRETO afirmar que o calor específico do corpo, em $\frac{cal}{g°C}$, vale:

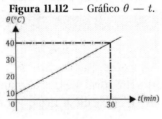

Figura 11.112 — Gráfico θ — t.

Fonte: Upenet (2008).

(a) 0, 4.
(b) 0, 5.
(c) 0, 2.
(d) 0, 7.
(e) 0, 3.

11.113 (UPENET/IAUPE/SEE-PE - 2008)

Considere as seguintes afirmações a respeito de processos termodinâmicos, envolvendo transferência de energia de um corpo para outro.
I. A radiação é um processo de transferência de energia que não ocorre, se os corpos estiverem no vácuo.
II. A convecção é um processo de transferência de energia que ocorre em meios fluidos.
III. A condução é um processo de transferência de energia que não ocorre, se os corpos estiverem à mesma temperatura.
Somente está CORRETO o que se afirma em:
(a) I.
(b) II.
(c) III.
(d) I e II.
(e) II e III.

11.114 (FGV/SEE-PE - 2016)

Deseja-se fundir uma pedra de gelo, inicialmente a -20 °C, utilizando uma fonte térmica que lhe fornece calor com uma potência constante. Até que todo o gelo se funda decorrem 36 $minutos$. O calor específico do gelo é $0,50 \frac{cal}{g°C}$ e o calor latente de fusão do gelo é $80 \frac{cal}{g}$. A fusão durou:
(a) 32 $minutos$.
(b) 28 $minutos$.
(c) 24 $minutos$.

(d) 20 *minutos*.
(e) 16 *minutos*.

11.115 (FGV/SEE-PE – 2016)

São feitas, a seguir, três afirmativas que dizem respeito aos modos de propagação do calor. Assinale V para a afirmativa verdadeira e F para a falsa.

( ) Para dificultar as trocas de calor entre seus corpos e o meio ambiente, os árabes que vivem nos desertos usam roupas claras, folgadas, de lã ou flanela. Essas roupas os protegem tanto de dia, sob sol intenso, quanto à noite.

( ) Se em uma noite de verão, você acende a lâmpada de incandescência de um abajur e se senta embaixo dela para ler o jornal, logo percebe uma elevação de temperatura. Isso ocorre porque há transferência de calor da lâmpada para você por convecção.

( ) Quando em uma região a chegada de uma frente fria torna a temperatura do ar ambiente muito baixa, os lagos dessa região se congelam apenas nas camadas superficiais. Isto porque, quando a temperatura das camadas mais superficiais da água se torna menor que 4 °C, elas ficam menos densas. Assim, a água das camadas mais profundas só pode ceder calor ao ar ambiente por condução e tanto a água quanto o gelo são maus condutores.

As afirmativas são, respectivamente:
(a) F, V e F.
(b) V, F e V.
(c) V, V e V.
(d) V, V e F.
(e) F, F e F.

11.116 (FUVEST/SEE-SP – 2007)

A primeira metade do século XIX foi um período de grande debate sobre o conceito de calor. Entre as contribuições para esse debate, destaca-se a do engenheiro americano Rumford. Quando

era responsável pela perfuração de canos de canhão, percebeu que o aquecimento, tanto da broca quanto da água que envolvia o cilindro do canhão, parecia ser proporcional ao trabalho empregado na tarefa. Tal observação levou-o a:
(a) introduzir o modelo de calor como energia, o que aperfeiçoou a ideia do calórico, segundo a qual, o calor seria um fluido desprovido de massa.
(b) introduzir o modelo cinético de calor que, em oposição à ideia de calor como substância, contribuiu para a sua compreensão como energia.
(c) formalizar uma nova teoria do calor, em oposição à ideia predominante na época, comprovando a conservação da energia nos processos mecânicos e térmicos.
(d) a descobrir uma importante relação entre energia mecânica e térmica, o que explicava o movimento a partir do aquecimento das partículas subatômicas.
(e) uma nova compreensão da relação entre massa e energia, em que uma pode ser convertida em outra, garantindo a conservação de ambas.

11.117 (FUVEST/SEE-SP – 2007)

Muitas vezes, ao anunciar a possibilidade de chuvas em certo local, as previsões meteorológicas as associam à chegada de *frentes frias*, ou seja, de deslocamentos de ar a baixas temperaturas. A associação das precipitações de chuvas a essas frentes deve-se ao fato de que:
(a) a umidade trazida pelo ar frio, na presença do ar quente e seco local, provoca sua condensação, causando as precipitações.
(b) com a entrada de ar frio, o ar da região, já a baixa temperatura, torna-se supersaturado, gerando chuvas.
(c) a massa de ar frio, ao chegar à região, encontra vapor d'água na atmosfera local, usualmente mais quente, contribuindo para sua condensação e precipitação.
(d) a massa de ar frio trazida pela frente tende a subir em direção a camadas mais altas da atmosfera, provocando sua condensação e

gerando chuvas.

(e) o deslocamento de ar a baixas temperaturas cria uma zona de baixa pressão logo acima da superfície do solo, provocando correntes de convecção que geram as chuvas.

11.118 (FUVEST/SEE-SP - 2007)

Muitos são os fatores que influenciam o clima de uma região. No Brasil, país de dimensões continentais, as diferentes variáveis climáticas como temperatura, precipitação, umidade e insolação podem ser muito diferentes de uma região para outra. O gráfico apresenta valores da temperatura média, ao longo do ano, em duas cidades brasileiras.

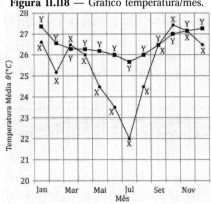

Figura 11.118 — Gráfico temperatura/mês.

Fonte: Adaptada de Fuvest (2007).

Tendo em vista apenas efeitos associados a propriedades térmicas dos materiais, as duas cidades representadas nesses gráficos por X e por Y poderiam ser, respectivamente:

(a) Cuiabá e Fortaleza, tendo em conta a alta capacidade térmica das massas de água do mar.

(b) Cuiabá e Fortaleza, tendo em conta a alta capacidade térmica da areia na costa litorânea.

(c) Cuiabá e Fortaleza, tendo em conta a alta condutividade térmica da

terra e da areia.
(d) Fortaleza e Cuiabá, tendo em conta o elevado calor específico da água do mar.
(e) Fortaleza e Cuiabá, tendo em conta a alta condutividade térmica da água do mar.

11.119 (FUVEST/SEE-SP – 2007)

Para dimensionar a demanda energética de uma pequena indústria de fundição de ferro, estimou-se a quantidade de energia requerida para fundir as cerca de 10 toneladas desse metal, por mês, desde uma temperatura ambiente, de 20 °C em média, até sua temperatura de fusão.

Temperatura de Fusão	Calor Específico	Calor de Fusão
1530 °C	$0{,}12\dfrac{cal}{g\,°C}$	$55\dfrac{cal}{g}$

(Use 1 $kcal = 1,2 * 10^{-3}$ kWh.)
Dadas as propriedades do ferro, apresentadas no quadro, pode-se estimar que a quantidade de energia mensal necessária apenas para fundi-lo seria, aproximadamente, igual a:
(a) 23 600 kWh.
(b) 2 850 kWh.
(c) 1 800 kWh.
(d) 236 kWh.
(e) 55 kWh.

11.120 (FCC/SEE-SP – 2010)

Misturam-se num calorímetro de capacidade térmica $50\frac{cal}{°C}$, contendo 1.750 g de água a 10 $°C$, 300 g de gelo a 0 $°C$ e 200 g de água a 80 $°C$. A temperatura final de equilíbrio térmico é, em $°C$, aproximadamente:
Dados

$c_{água} = 1,0 \frac{cal}{g°C}$;
$L_{fusão} = 80 \frac{cal}{g}$.
(a) zero.
(b) 4, 3.
(c) 7, 6.
(d) 14.
(e) 19.

11.121 (FCC/SEE-SP – 2010)

Uma bola de chumbo choca-se a 27 °C contra um bloco de granito. Suponha que o calor gerado no impacto seja exatamente o suficiente para fundir todo o chumbo, imaginando ainda não haver fuga de calor para o bloco de granito ou para os arredores. O chumbo apresenta: calor específico = $0,030 \frac{cal}{g°C}$, ponto de fusão = 327 °C, calor latente de fusão = $5,5 \frac{cal}{g}$. Considere 1 cal = 4,2 J. A velocidade da bola no impacto é, em m/s:
(a) $2,0 * 10^2$.
(b) $2,5 * 10^2$.
(c) $3,0 * 10^2$.
(d) $3,5 * 10^2$.
(e) $4,0 * 10^2$.

11.122 (FCC/SEE-SP – 2010)

Numa usina termoelétrica, a queima de 1,0 kg de gás natural produz $5,0 * 10^7$ J de calor. Considere que a usina tenha rendimento de 40 % e que queima 1 kg de gás por segundo, e que o calor não utilizado na produção de trabalho seja cedido a um rio cuja vazão é de $5.000 \frac{l}{s}$ de água inicialmente à temperatura de 27 °C. Após passar pela usina, a temperatura da água do rio será de:
Considere:
Densidade da água = $1,0 \frac{g}{cm^3}$.
Calor específico da água = $4,0 * 10^3 \frac{J}{kg°C}$.

(a) 31 °C.
(b) 30 °C.
(c) 29 °C.
(d) 28,5 °C.
(e) 28 °C.

11.123 (VUNESP/SEE-SP - 2011)

Um aluno pergunta a você por que, quando ele aquece um prato de comida num forno elétrico, o prato esquenta tanto ou mais do que a própria comida, mas no forno de micro-ondas só a comida esquenta, enquanto o prato continua frio. Você transfere a dúvida a todos os alunos da sala, para que se reúnam em grupos e tragam a resposta na aula seguinte, com a seguinte orientação: nos dois fornos há emissão de ondas eletromagnéticas, como a luz; no caso do forno elétrico, radiações térmicas ou infravermelhas, emitidas por uma resistência elétrica aquecida a alta temperatura; no caso do forno de microondas, micro-ondas emitidas por uma válvula especial chamada *magnetron*. Na aula seguinte, os grupos apresentam ao professor cinco respostas transcritas nas alternativas a seguir. Assinale qual delas é a correta.

(a) As radiações térmicas são absorvidas igualmente pelo prato e pela comida, por isso o forno elétrico aquece ambos; as micro-ondas não interagem com o prato, mas são absorvidas pela comida, por isso o forno de micro-ondas só aquece a comida.

(b) As radiações térmicas refletem-se no prato e na comida, por isso o forno elétrico aquece o prato e a comida; as micro-ondas penetram no prato e refletem-se na comida, por isso o forno de microondas só aquece a comida.

(c) As radiações térmicas refletem-se no prato e na comida, por isso o forno elétrico aquece o prato e a comida; as micro-ondas são absorvidas pelo prato e refletem-se na comida, por isso o forno de micro-ondas só aquece a comida.

(d) As radiações térmicas, por sua natureza, interagem tanto com materiais orgânicos como com minerais, por isso o forno elétrico aquece o prato e a comida, mas as micro-ondas só podem interagir com materiais orgânicos, por isso só aquecem a comida.

(e) As radiações térmicas refletem-se igualmente no prato e na comida, sem serem absorvidas por eles, por isso o forno elétrico aquece o prato e a comida; as microondas são absorvidas pelo prato, mas não pela comida, por isso o forno de micro-ondas só aquece a comida.

11.124 (FCC/SEE-SP – 2010)

A figura abaixo ilustra o fluxo de calor, por condução, através de um bloco metálico de condutividade térmica k, espessura de área de seção S, que separa duas regiões entre as quais a diferença de temperatura é $\Delta T = T_2 - T_1$.

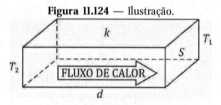

Figura 11.124 — Ilustração.

Fonte: FCC (2010).

Dentre as grandezas citadas, a transferência de calor é diretamente proporcional, apenas, a:
(a) ΔT.
(b) d.
(c) S.
(d) d e ΔT.
(e) S e ΔT.

11.125 (VUNESP/SEE-SP – 2011)

Na determinação experimental do calor latente de vaporização da água, um aluno, por meio de um ebulidor elétrico de $700\ W$, mantém em ebulição a água contida em um béquer durante $10,0\ minutos$. Ao final desse tempo, o aluno verifica que foram evaporados $200\ g$ de

água. O valor do calor latente de vaporização da água, em $106\frac{J}{kg}$, obtido pelo aluno, foi de:
(a) 1, 8.
(b) 2, 1.
(c) 2, 5.
(d) 2, 7.
(e) 3, 0.

11.126 (VUNESP/SEE-SP – 2011)

A tabela fornece o calor específico (c) e a condutividade térmica (σ) de alguns materiais. A partir desses dados, pode-se afirmar que panelas de mesma massa, tamanho e espessura, que aquecem mais rápido e conservam por mais tempo o calor, são feitas de:

Tabela 11.126 – Dados.

MATERIAL	$c\left(\dfrac{J}{kg°C}\right)$	$\sigma\left(\dfrac{W}{mK}\right)$
Alumínio	900	230
Cerâmica	850	6,3
Ferro	480	80
Vidro refratário	840	1

(a) alumínio.
(b) cerâmica.
(c) ferro.
(d) vidro refratário.
(e) ferro ou cerâmica.

11.127 (SEE-SP/FCC– 2011)

Associe corretamente o fenômeno de mudança de fase à sua denominação:

Fenômeno	Denominação
a. Ao cederem energia, moléculas de um líquido agrupam-se numa estrutura cristalina.	1. sublimação
b. Ao receberem energia, as moléculas quebram a estrutura cristalina.	2. condensação
c. Moléculas se dirigem à superfície livre de um líquido com energia suficiente para escapar dele.	3. fusão
d. Mudança de fase que ocorre quando há esfriamento do vapor.	4. solidificação
e. Transição direta do sólido ao gasoso ou do gasoso ao sólido.	5. vaporização

A associação correta é:
(a) a1, b2, c3, d4, e5.
(b) a2, b5, c4, d1, e3.
(c) a3, b4, c1, d5, e2.
(d) a4, b3, c5, d2, e1.
(e) a5, b1, c2, d3, e4.

11.128 (SEE-SP/FCC– 2011)

Um pedaço maciço de cobre, de massa $1,0$ kg e calor específico $0,10\frac{cal}{g°C}$, cai verticalmente de uma altura de 20 m, chocase com o solo rígido e retorna até a altura de $9,5$ m. Supondo-se que toda a energia dissipada no choque com o solo seja absorvida pelo bloco em forma de calor, o aumento na sua temperatura, em $°C$, vale:
Dados: $g = 10\frac{m}{s^2}$ e 1 $cal = 4,2$ J.
(a) $0,25$.
(b) $0,50$.
(c) $0,75$.
(d) $1,0$.
(e) $1,3$.

11.129 (VUNESP/SEE-SP – 2012)

Um calorímetro de alumínio com massa igual a 400 g contém 300 g de água de calor específico $1\frac{cal}{g°C}$ a 20 °C, na qual é imerso um bloco

de cobre de massa igual $400\ g$ de calor específico $0,094\frac{cal}{g°C}$ e na temperatura inicial de $100\ °C$. Se o calor específico do alumínio é $0,22\frac{cal}{g°C}$, a temperatura de equilíbrio térmico do sistema, em graus Celsius, é:
(a) $12,4$.
(b) $16,6$.
(c) $20,4$.
(d) $25,4$.
(e) $27,1$.

11.130 (FCC/SEE-SP – 2011)

Para investigar a transmissão de calor por condução através de uma barra prismática de base reta e quadrada, de lados L e de comprimento C, colocam-se suas extremidades em duas superfícies mantidas a temperaturas distintas θ_1 e θ_2, como mostra a figura.

Figura 11.130 — Ilustração.

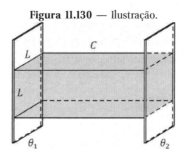

Fonte: FCC (2011).

Seguindo as etapas do método experimental, verifica-se que a potência térmica transmitida quadruplica-se dobrando-se L e mantendo-se fixas as outras variáveis; reduz-se à metade dobrando-se o comprimento C, sem alterar as outras variáveis; duplica dobrando-se a diferença de temperatura $\Delta\theta$, conservando-se as outras variáveis.

Conclui-se daí que a potência térmica transmitida por condução é proporcional a:

(a) $\dfrac{L\Delta\theta}{C}$.

(b) $\dfrac{LC}{\Delta\theta}$.

(c) $L^2 C \Delta\theta$.

(d) $\dfrac{L^2 C}{\Delta\theta}$.

(e) $\dfrac{L^2 \Delta\theta}{C}$.

11.131 (FGV/SEE-SP – 2013)

Em um calorímetro de capacidade térmica desprezível que contém uma pedra de gelo a 0 °C, são injetados 20 g de vapor d'água a 100 °C. Considere o calor latente de fusão do gelo $80\frac{cal}{g}$, o calor latente de condensação do vapor d'água $540\frac{cal}{g}$ e o calor específico da água (líquida) $1,0\frac{cal}{g\,°C}$. Para que, ao se restabelecer o equilíbrio térmico no interior do calorímetro, haja apenas água na fase líquida, a massa da pedra de gelo deve ter um valor dentro de um certo intervalo (entre um valor mínimo e um valor máximo). O valor mínimo é:
(a) 160 g.
(b) 120 g.
(c) 100 g.
(d) 80 g.
(e) 60 g.

11.132 (VUNESP/SEE-SP – 2012)

O diagrama de fases é uma representação gráfica das condições de pressão e temperatura de uma substância nos estados líquido, sólido e gasoso. Observe a ilustração do diagrama de fases para a água, apresentada a seguir.

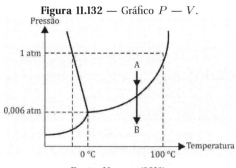

Figura 11.132 — Gráfico $P - V$.

Fonte: Vunesp (2012).

O gráfico está dividido em três áreas, cada uma delas representa uma fase pura. A linha cheia mostra as condições sob as quais duas fases podem existir em equilíbrio. O ponto triplo é onde as três curvas se encontram, é o ponto de equilíbrio entre as três fases. O ponto triplo da água ocorre sob a temperatura $0,01$ °C e $0,006$ atm. Apenas nessas condições, a água pode existir nas três fases em equilíbrio.

A transformação $A \to B$ representa uma passagem do estado:

(a) líquido para vapor.
(b) vapor para líquido.
(c) sólido para líquido.
(d) líquido para sólido.
(e) sólido para vapor.

11.133 (UESC - AOCP Concursos Públicos - Edital 150 de 2008)

Uma garota, preocupada com a quantidade de calorias absorvidas após uma refeição, resolve ingerir 4 $litros$ de água a $6,5$ °C para minimizar os efeitos de tal ingestão. Sabendo-se que a água atingirá equilíbrio térmico com o seu corpo a $36,5$ °C, a quantidade de calorias utilizadas pelo organismo para este aquecimento será de:

Utilize se necessário: $d_{água} = 1\frac{g}{cm^3}$; $c_{água} = 1\frac{cal}{g°C}$ e $1L = 10^3$ cm^3.

(a) 120 cal.
(b) 120 $kcal$.
(c) 240 cal.

(d) 240 $kcal$.
(e) 600 $kcal$.

11.134 (SEDUC-MA/FCC – 2005)

Sobre a chama constante de um fogão a gás, verifica-se que a temperatura de certa massa de água se eleva de 20 °C em 5,0 $minutos$, enquanto massa igual de outro líquido sofre elevação de 40 °C em 4,0 $minutos$. O calor específico desse líquido é, em $\frac{cal}{g°C}$:
Dado: calor específico da água $1,0\frac{cal}{g°C}$.
(a) 0,20.
(b) 0,30.
(c) 0,40.
(d) 0,60.
(e) 0,80.

11.135 (SEDUC-MA/FCC – 2005)

Analise as afirmações abaixo.
I. Dois corpos, de massas diferentes, podem apresentar a mesma capacidade térmica.
II. Dois corpos, A e B, de massas iguais, recebem igual quantidade de calor. Se, em consequência, B se aquece mais que A, então o calor específico de B é maior do que o de A.
III. Uma substância pode receber calor e não sofrer variação de temperatura.
É correto o que se afirma SOMENTE em:
(a) I.
(b) II.
(c) III.
(d) I e III.
(e) II e III.

11.136 (SEDUC-MA/FCC – 2005)

A fusão da prata ocorre com diminuição de volume, enquanto o chumbo aumenta de volume ao se fundir. Se esta mudança de fase for realizada com os metais submetidos à pressão maior, a temperatura de fusão da prata:
(a) e a do chumbo diminuem.
(b) e a do chumbo aumentam.
(c) diminui e a do chumbo aumenta.
(d) aumenta e a do chumbo diminui.
(e) e a do chumbo não se alteram.

11.137 (IDECAN/IFCE – Edital 02 de 2021)

Em um reservatório de água, isolado termicamente, $0,5$ kg de água líquida a "100 °C" é convertido a vapor a 100 °C, por ebulição, à pressão atmosférica. O volume muda de $0,5 * 10^{-3}$ m^3 no estado líquido para $0,834$ m^3 de vapor. Qual a mudança na energia interna do sistema durante o processo de ebulição?
Dados:
Calor Latente do Vapor, $L_V = 2260 \frac{kJ}{kg}$.
Pressão atmosférica, $p = 1,101 * 105$ Pa.
Assinale:
(a) $422,8$ kJ.
(b) $312,5$ kJ.
(c) $128,7$ kJ.
(d) $212,2$ kJ.

11.138 (IDECAN/IFCE – Edital 02 de 2021)

Em um reservatório de água, isolado termicamente, $2,0$ kg de água líquida a "100 °C" é convertido a vapor a 100 °C, por ebulição, à pressão atmosférica. O volume muda de $2,0 * 10^{-3}$ m^3 no estado líquido para $3,342$ m^3 de vapor. Qual a mudança na energia interna do sistema durante o processo de ebulição?

Dados:
Calor latente do vapor, $L_V = 2260\ kJ/kg$.
Pressão atmosférica, $p = 1,101 * 10^5\ Pa$.
(a) $2002,8\ kJ$.
(b) $4152,2\ kJ$.
(c) $3412,5\ kJ$.
(d) $1128,7\ kJ$.

12. Leis da Termodinâmica

Antônio Nunes de Oliveira
Marcos Cirineu Aguiar Siqueira
Douglas Pereira Gomes da Silva
Filipe Henrique de Castro Menezes
Josias Valentim Santana

Primeira lei da termodinâmica
O princípio de conservação da energia mecânica diz que, *sob ação exclusiva de forças conservativas, todo sistema conserva sua energia mecânica.* Ao percebermos num sistema físico energia mecânica e energia térmica, devemos considerar um princípio físico de conservação mais geral, chamado de primeira lei da termodinâmica.

Os sistemas termodinâmicos interagem com sua vizinhança, adquirindo dela ou fornecendo para ela energia através dos processos calor e trabalho. Uma vez que conseguimos converter calorias em joules – tendo em vista que nos sistemas termodinâmicos se fazem presentes as energias mecânica e térmica –, podemos exibir uma formulação do princípio de conservação da energia incluindo nele as quantidades de energia que passam para o sistema ou que saem dele através do calor e do trabalho.

Sendo a energia em si uma quantidade conservada, e levando-se em conta a entrada e a saída de energia de um sistema através do calor e do trabalho, respectivamente, temos:

$$\Delta U = Q - W, \quad (12.1)$$

onde estamos considerando um caso particular em que uma quantidade de energia entra no sistema pelo processo calor e outra quantidade sai pelo processo trabalho. Os sinais de Q e W serão discutidos posteriormente (Oliveira; Siqueira, 2022, p. 366).

Segunda lei da termodinâmica

Embora a energia se conserve, existem algumas formas de energia mais úteis para a realização de um dado trabalho do que outras. É fácil converter completamente trabalho mecânico em energia térmica, mas é impossível remover energia térmica de um sistema e convertê-la completamente em trabalho mecânico sem provocar alterações no sistema ou na sua vizinhança.

Vejamos alguns dos enunciados da segunda lei da termodinâmica:

1) Nenhum dispositivo que opera em um ciclo é capaz de receber energia por calor de um único reservatório térmico e produzir uma quantidade equivalente de trabalho sem que com isso modifique de alguma forma o sistema ou sua vizinhança – enunciado de Kelvin-Planck (EKP).

2) Nenhum dispositivo que opera em um ciclo é capaz de receber energia por calor de um reservatório térmico a baixa temperatura e fornecer esta energia a um reservatório térmico a alta temperatura sem que produza outros efeitos – enunciado de Clausius (EC).

3) A entropia do universo (do sistema mais as suas vizinhanças) nunca diminui. Isto é,

$$\Delta S \geq 0. \qquad (12.2)$$

Rendimento e máquina de Carnot

O rendimento de uma máquina térmica pode ser obtido através da seguinte expressão:

$$\eta = \frac{W}{|Q_1|}, \qquad (12.3)$$

em que W é a energia útil (trabalho realizado) e $|Q_1|$ é o módulo da energia total recebida pela máquina. O princípio de conservação da energia nos permite escrever:

$$|Q_1| = W + |Q_2|. \tag{12.4}$$

Substituindo (12.4) em (12.3), resulta:

$$\eta = 1 - \frac{|Q_2|}{|Q_1|}. \tag{12.5}$$

Entre todas as máquinas térmicas, aquela mais eficiente teoricamente (máquina de Carnot) possui rendimento dado por:

$$\eta_C = 1 - \frac{T_1}{T_2}, \quad T_1 < T_2. \tag{12.6}$$

Evidências experimentais sugerem que é impossível construir uma máquina térmica que use completamente a energia obtida da fonte de maior temperatura na realização de um dado trabalho, ou seja, uma máquina que possua eficiência de 100% (mesmo a máquina ideal não é capaz de ter eficiência de 100%). Essa impossibilidade é a base para a formulação dada a segunda lei da termodinâmica por Kelvin e Planck.

> As máquinas térmicas usuais têm eficiência relativamente baixa. Por exemplo, os motores de automóveis (ignição por centelha) comuns têm eficiência térmica em torno de 25% (75% da energia química do combustível, fluido de trabalho, não pode ser utilizada para a finalidade pensada para o veículo). Um pouco mais eficientes são os motores a diesel, cujo rendimento chega a 40%. Maior eficiência ainda é encontrada nas grandes usinas de potência, as quais combinam gás e vapor no fluido de trabalho, chegando a ter eficiência de 60%. Mesmo para as máquinas mais eficientes, quase metade da energia empregada em seu funcionamento acaba sendo desperdiçada na atmosfera e em lagos ou rios (Oliveira; Siqueira, 2022, p. 510).

PROVA DIDÁTICA
Plano de aula

Identificação do candidato – No início do plano de aula devem constar seu nome e inscrição no concurso público, assim como a identificação da Área/Subárea para a qual concorre a uma vaga. Estes dados são de identificação geral, e sua omissão pode levar o candidato a perder pontos valiosos;

Conteúdo a ser ensinado – Contempla o tema da prova didática, sorteado entre os temas constantes no edital (geralmente os editais trazem 10 temas específicos, mas há exceções), e os conteúdos a serem tratados. Os conteúdos devem ser tópicos estratégicos e essenciais dentro do tema a ser abordado;

Público-alvo – Seu público são seus alunos, e o nível de ensino (médio ou superior) deles irá nortear aspectos fundamentais de sua aula, tais como a profundidade com a qual você irá tratar o tema, a linguagem a ser utilizada e a matemática empregada no modelamento de fenômenos (no caso das ciências naturais e exatas);

Objetivos de aprendizagem – Estes são muitas vezes confundidos pelos docentes, que os formulam como se fossem para si. Ao contrário, tais objetivos devem ser formulados com vistas aos alunos e precisam responder à seguinte pergunta: *o que se espera dos sujeitos aprendizes após a atividade?* Os verbos que podem ser utilizados nos objetivos costumam ser chamados de verbos de pesquisa ou de conhecimento (Oliveira; Siqueira, 2020), sendo a escolha adequada uma variável que depende da natureza do tema que será ministrado, se ele tem viés predominantemente exploratório, descritivo ou explicativo.

12.1 SINAES ENADE-2008

Numa competição entre estudantes de Física de várias instituições, um grupo projeta uma máquina térmica hipotética que opera entre somente dois reservatórios de calor, a temperaturas de $250\ K$ e $400\ K$. Nesse projeto, a máquina hipotética produziria, por ciclo, $75\ J$ de trabalho, absorveria $150\ J$ de calor da fonte quente e cederia $75\ J$ de

calor para a fonte fria.
a) Verifique se essa máquina hipotética obedece ou não à Primeira Lei da Termodinâmica, justificando a sua resposta.
b) Verifique se essa máquina hipotética obedece ou não à Segunda Lei da Termodinâmica, justificando a sua resposta.
c) Considerando que o menor valor de entropia é $0,1\ J/K$, e que o trabalho realizado por ciclo é $75\ J$, esboce um diagrama "Temperatura versus Entropia" para um Ciclo de Carnot que opere entre esses dois reservatórios de calor, indicando os valores de temperaturas e entropias.
Sugestão de Solução.

Solução em vídeo.

12.2 SINAES ENADE-2008

Em 1816, o escocês Robert Stirling criou uma máquina térmica a ar quente que podia converter em trabalho boa parte da energia liberada pela combustão externa de matéria-prima. Numa situação idealizada, o ar é tratado como um gás ideal com calor específico molar $C_V = 5R/2$, onde R é a constante universal dos gases. A máquina idealizada por Stirling é representada pelo diagrama P versus V da figura abaixo. Na etapa C $\to$ D (isotérmica), a máquina interage com o reservatório quente, e na etapa A $\to$ B (também isotérmica), com o reservatório frio. O calor liberado na etapa isovolumétrica D $\to$ A é recuperado integralmente na etapa B $\to$ C, também isovolumétrica. São conhecidas as temperaturas das isotermas T_1 e T_2, os volumes V_A e V_B e o número de moles n de ar contido na máquina.

Figura 12.2 — Ilustração.

Fonte: HALLIDAY, D; RESICK, R; WALKER, J. Fundamentos de Física, v2, 4 ed. Rio de Janeiro: LTC, 1996.

Qual o rendimento do ciclo e sua variação total de entropia?

(a) $1 - \frac{T_2}{T_1} \ln\left(\frac{V_A}{V_B}\right)$ e $nR\ln\left(\frac{V_A}{V_B}\right)$.

(b) $1 - \frac{T_2}{T_1}$ e $nR\ln\left(\frac{V_A}{V_B}\right)$.

(c) $1 - \frac{T_2}{T_1} \ln\left(\frac{V_A}{V_B}\right)$ e 0.

(d) $1 - \frac{T_2}{T_1}$ e 0.

(e) $1 - \ln\left(\frac{T_2 V_A}{T_1 V_B}\right)$ e 0.

Sugestão de Solução.

Solução em vídeo.

12.3 COPEMA IFAL Edital 05 de 2010

Freeman Dyson, em um artigo intitulado "Que é Calor?" e publicado na revista Scientific American, em setembro de 1954, escreve: Calor é energia desordenada. A energia, no entanto, pode existir sem desordem, como por exemplo, no movimento de um projétil disparado por uma arma de fogo. Entretanto quando esse projétil atinge uma placa de aço e para sua energia cinética é transferida para o movimento caótico dos átomos da placa e do projétil e essa energia desorganizada se manifesta sob a forma de calor. A quantidade de desordem de um sistema é medida em termos do conceito de entropia cuja a variação para um processo reversível é dado por $\Delta S = \int \frac{dQ}{T}$. Considere um frasco que contém 20 g de água a 0 °C. Em seu interior, é colocado um objeto de 50 g de alumínio a 80 °C. Os calores específicos da água e do alumínio são, respectivamente: $1,0 \frac{cal}{g°C}$ e $0,10 \frac{cal}{g°C}$. Supondo-se não haver trocas de calor com o frasco e com o meio ambiente, podemos afirmar que a variação de entropia do sistema, desde o momento da mistura até o instante de equilíbrio, é dada aproximadamente por: Adote: $ln(289/273) = 0,057$ e $ln(289/353) = -0,200$.
(a) $5,279\ cal/K$.
(b) $4,376\ cal/K$.
(c) $1,139\ cal/K$.
(d) $0,396\ cal/K$.
(e) $0,140\ cal/K$.
Sugestão de Solução.

Solução em vídeo.

12.4 IFPA Edital 01 de 2015

O desenvolvimento das leis da Termodinâmica está diretamente relacionado a 1° revolução industrial. Neste período surgiram diversas máquinas térmicas obedecendo a diferentes ciclos termodinâmicos. Um ciclo de grande utilidade nas usinas termoelétricas é o chamado ciclo de Joule ou ciclo de Brayton, representado na figura abaixo.

Figura 12.4 — Ilustração.

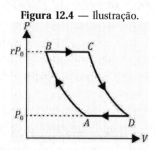

Fonte: Oliveira e Siqueira (2022).

AB e CD são transformações adiabáticas e BC e DA representam o aquecimento e o resfriamento a pressão constante, respectivamente. O r é conhecido como a taxa de compressão dada por $r = \frac{p_B}{p_A}$. Assinale a alternativa correta do rendimento, (η), desta máquina quando $r = 5$ e $\gamma = 1,4$. Sabendo que o γ representa a razão do calor específico a pressão constate pelo calor específico a volume constante.

(a) $\eta = 1 - (0,2)^{\frac{2}{7}}$.
(b) $\eta = 1 - (0,2)^{\frac{12}{7}}$.
(c) $\eta = 1 - (0,1)^{\frac{2}{7}}$.
(d) $\eta = 1 - (0,5)^{\frac{2}{7}}$.

Sugestão de Solução.

Solução em vídeo.

12.5 FUNCERN IFRN Edital 18 de 2013

As leis da termodinâmica são o conjunto de princípios que regem os fenômenos relacionados às mudanças das grandezas termométricas. Em relação às leis da termodinâmica, analise as afirmativas a seguir.
I. A temperatura flui espontaneamente do corpo mais quente para o corpo mais frio.
II. Em um processo termodinâmico, a energia total sempre se conserva.
III. Em processos adiabáticos, a entropia de um sistema termodinâmico sempre aumenta.
IV. Não é possível construir uma máquina térmica cíclica que converta em trabalho 100% do calor absorvido por ela.
Estão corretas as afirmativas
(a) I e II.
(b) II e IV.
(c) II e III.
(d) I e IV.
Sugestão de Solução.

Solução em vídeo.

12.6 SETEC IFSC Edital 42 de 2014

Sobre a variação de entropia, ΔS, de um gás, considere as seguintes afirmações:
I. Em um processo adiabático quase-estático, $\Delta S = 0$ e, na expansão livre de um gás, $\Delta S > 0$.
II. Como a entropia é uma função de estado termodinâmico, ΔS é a mesma, se o sistema passa reversivelmente de uma temperatura T_1, para uma temperatura $T_2 > T_1$, por qualquer processo termodinâmico.

III. Numa máquina térmica, temos $\Delta S = 0$ em um ciclo, quaisquer que sejam os processos executados no ciclo pela máquina.

IV. Misturando, em um recipiente de paredes adiabáticas ideais, duas amostras iguais de água, uma inicialmente a $0\ °C$ e outra a $100\ °C$, a temperatura final de equilíbrio é de $50\ °C$ e a variação de entropia total é nula. Assinale a alternativa CORRETA.

(a) As afirmações I, III e IV são corretas.
(b) As afirmações I e III são corretas.
(c) Somente a afirmação I é correta.
(d) As afirmações I e IV são corretas.
(e) As afirmações I, II e IV são corretas.

Sugestão de Solução.

Solução em vídeo.

12.7 UEL COPS SEAP-PR - Edital 2004

O conceito de entropia é frequentemente associado à "desordem" de um sistema. Como consequência, a Segunda Lei da Termodinâmica é usada para afirmar que a desordem de um sistema isolado sempre aumenta. No entanto, ao observarmos a diversidade biológica encontrada na Terra, verificamos que os organismos biológicos são altamente organizados e que essa organização não existia antes do seu nascimento, ou mesmo antes da existência da vida no planeta. Assim, a existência da vida sobre a Terra parece contradizer a Segunda Lei da Termodinâmica. A partir dos fundamentos da Física, é correto afirmar:
(a) A associação da Segunda Lei da Termodinâmica com a desordem tem caráter pedagógico, não possui a generalidade que a associação sugere. Ela aplica-se tão-somente a sistemas onde, podendo ser definida uma temperatura T, ocorre fluxo de calor ΔQ, de tal forma

que a variação de entropia é dada pela razão entre ΔQ e T.
(b) Os organismos vivos não violam a Segunda Lei da Termodinâmica, porque a "ordem" que neles encontramos já estava pré-determinada em seu código genético.
(c) Aos sistemas biológicos não se aplica a Segunda Lei da Termodinâmica, pois esta é restrita a máquinas térmicas.
(d) A Terra não é um sistema isolado, portanto, a ordem resultante do surgimento e do desenvolvimento da vida sobre o planeta não viola a Segunda Lei da Termodinâmica.
(e) A "ordem" pré-programada dos seres vivos, herdada através do código genético, não pode ser usada para fundamentar uma eventual falha da Segunda Lei da Termodinâmica, porque a sua transmissão não envolve trocas de calor.
Sugestão de Solução.

Solução em vídeo.

12.8 UFRJ Edital 2008

Considere as três afirmações a seguir:
I – Dois corpos em equilíbrio térmico com um terceiro, estão em equilíbrio térmico entre si;
II – É impossível realizar um processo cujo único efeito seja remover calor de um reservatório térmico e produzir uma
quantidade equivalente de trabalho;
III – É impossível realizar um processo cujo único efeito seja transferir calor de um corpo mais frio para um corpo mais quente.
De acordo com a teoria da termodinâmica clássica:
(a) I é equivalente a II, que é equivalente a III;
(b) I é equivalente a II, mas II não é equivalente a III;

(c) I é equivalente a III, mas III não é equivalente a II;
(d) I não é equivalente a II, mas II é equivalente a III;
(e) I não é equivalente a II, que não é equivalente a III.

12.9 UFMG Edital 2008

Na figura, estão representados processos reversíveis de um gás ideal em um diagrama de pressão p versus volume V.

Nesse diagrama, estão mostrados quatro estados, representados pelos pontos 1, 2, 3 e 4.

Figura 12.9 — Gráfico P versus V.

Fonte: Oliveira e Siqueira (2022).

É CORRETO afirmar que a variação de entropia é positiva no processo:
(a) $(1 \to 4)$.
(b) $(2 \to 3)$.
(c) $(3 \to 4)$.
(d) $(1 \to 2)$.
Sugestão de Solução.

Solução em vídeo.

12.10 UFScar - 2016

O inventor da máquina X afirma que, operando entre reservatórios com temperaturas de 27 °C e 127 °C, sua máquina fornece na saída um trabalho $W = 150J$ por ciclo e apresenta uma eficiência $\varepsilon_X = 75\%$. Supondo que esta máquina X realmente exista, qual seria a variação da entropia por ciclo para toda a máquina, incluindo a substância de trabalho e ambos os reservatórios?
(a) $-0,28\ J/K$.
(b) $-0,33\ J/K$.
(c) $+0,67\ J/K$.
(d) $+0,28\ J/K$.
(e) $-0,21\ J/K$.
Sugestão de Solução.

Solução em vídeo.

12.11 (IFPI- Edital 86/2019) Q21

Qual alternativa abaixo apresenta a lei que podemos enunciar mediante os conceitos de entropia ou de rendimentos de máquinas térmicas?
(a) Lei de Dalton.
(b) Lei de Doulong e Petiti.
(c) Primeira lei da termodinâmica.
(d) Lei de Avogadro.
(e) Segunda lei da termodinâmica.

12.12 (IFPI- Edital 86/2019) Q50

Uma determinada turbina de uma usina termoelétrica faz retirada de calor de uma fonte a 520 °C e injeta esse calor em uma condensadora a 100 °C. O máximo de rendimento possível para a turbina é?
(a) 53%.
(b) 95%.
(c) 33%.
(d) 45%.
(e) 100%.

12.13 (Pós UFCE - 2014.1) (Q12)

Numa experiencia, um bloco de 200 g de alumínio (com calor específico de 900 J/kgK) a 100 °C, è misturado com 50, 0 g de água a 20, 0 °C, com a mistura isolada termicamente. Quais são as mudancas de entropia do aluminio; da água, e do sistema água-alumínio?
(a) $+25, 6J/K$; $-21, 4J/K$; $+4, 2\ J/K$.
(b) $-25, 6J/K$; $+21, 4J/K$; $-4, 2J/K$.
(c) $+22, 1\ J/K$; $-24, 9\ J/K$; $-2, 8\ J/K$.
(d) $-22, 1\ J/K$; $+24, 9\ J/K$; $+2, 8\ J/K$.

12.14 (IFSul - Edital 049/2020) (Q24)

A Termodinâmica é uma teoria fenomenológica que sistematiza as leis empíricas sobre o comportamento térmico da matéria macroscópica. A primeira lei proíbe a criação ou destruição da energia, enquanto a segunda lei limita a disponibilidade da energia e os modos de conservação e de uso dessa energia.

A respeito das consequências da segunda lei da Termodinâmica, afirma-se:

(a) É possível a realização de qualquer processo que tenha como única etapa a transferência de energia na forma de calor de um corpo frio para um corpo quente.

(b) É impossível transferir energia na forma de calor de um reservatório

térmico, a baixa temperatura (frio), para outro com temperatura mais alta (quente).
(c) Não existe nenhum processo com diminuição de entropia quando todas as possíveis variações de entropia são incluídas.
(d) Se um processo irreversível ocorre em um sistema fechado, a entropia desse sistema permanece constante.

12.15 (IFSul - Edital 049/2020) (Q25)

Em um dia muito frio na serra catarinense, a temperatura atingiu o valor de -15 °C. Em uma residência adaptada para essas condições extremas, a temperatura no interior se mantém praticamente constante em 21 °C, mesmo ocorrendo um fluxo de energia na forma de calor de 24500 J para fora dessa residência.
Considerando que a temperatura no exterior se mantém constante, o valor mais próximo da variação de entropia do universo, produzido por esse fluxo de energia, foi de
(a) $178,2\ J/K$.
(b) $11,6\ J/K$.
(c) $-11,6\ J/K$.
(d) $-178,2\ J/K$.

12.16 (IFPI- Edital 86/2019) Q49

A alternativa que apresenta o valor da variação de entropia para um sistema que contém 1 mol de gelo cuja massa são 100 gramas sob a temperatura de 0 °C e que sofre fusão sendo totalmente convertido em água a 0 °C é:
Admita que o calor latente do gelo é $79,63\ cal/g$.
(a) $343,03\ cal/mol.K$.
(b) $217,51\ cal/mol.K$.
(c) $434,32\ cal/mol.K$.
(d) $29,30\ cal/mol.K$.
(e) $75,04\ cal/mol.K$.

12.17 (IFSE- Edital 1/2018) (Q29)

Devido ao aumento dos preços dos combustíveis e do custo de vida, um inventor projeta um motor térmico que opera entre as temperaturas de 1400 K e 350 K, das fontes quente e fria, respectivamente. O projeto prevê para o motor uma potência de 3,0 HP com absorção de 1119 cal/s do reservatório quente. Considerando que 1 HP = 746 W e 1 cal = 4J, qual será o rendimento do referido motor?
(a) 85 %.
(b) 75 %.
(c) 50 %.
(d) 40 %.
(e) 25 %.

12.18 (IFSE- Edital 1/2018) (Q11)

Uma máquina térmica opera segundo o ciclo ABCDA mostrado no diagrama T-S da figura abaixo.

Figura 12.18 — Gráfico $T - S$.

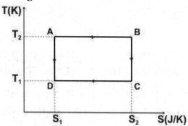

Fonte: IFSE (2018).

Com respeito ao diagrama acima, analise as seguintes afirmações:
I - O processo AB corresponde a uma compressão isotérmica.
II - Os processos BC e DA são adiabáticos.
III - O trabalho realizado pela máquina em um ciclo é $W = (T_2 - T_1).(S_2 - S_1)$.
IV - A transformação ABCDA representa um Ciclo de Carnot.

Estão CORRETAS apenas as afirmações:
(a) I, II e III.
(b) II e IV.
(c) II, III e IV.
(d) I e III.
(e) I, II e IV.
Sugestão de Solução.

Solução em vídeo.

12.19 IFFar Edital de 2009 (Q10)

Uma máquina de Carnot opera como motor entre as temperaturas $1000\ K$ e $600\ K$. Determinar a quantidade de calor recebida da fonte quente (Q_1) e cedida à fonte fria (Q_2), por ciclo, sabendose que o trabalho realizado pela máquina é $2000\ J/ciclo$.
(a) $Q = 5000J\ e\ Q = 3000J$.
(b) $Q = 5500\ J\ e\ Q = 3000\ J$.
(c) $Q = 5000\ J\ e\ Q = 3500\ J$.
(d) $Q = 6000\ J\ e\ Q = 3000\ J$.

12.20 IFMS Edital de 2009 (Q13)

Na tentativa de reproduzir a experiência de Carnot, um jovem pesquisador construiu uma máquina térmica de 4 estágios, utilizando como agente $2,0\ moles$ de um gás ideal. Considerando que no primeiro estágio o gás absorve uma quantidade de calor $Q_1 = 10,56\ KJ$ e sofre uma expansão isotérmica reversível à temperatura $T_1 = 27°C$, passando do volume V_a para V_b, à custa de uma redução de pressão $p_b < p_a$, a razão entre os volumes final V_b e inicial V_a

é: Considere a constante universal dos gases $R = 8\ J/mol\ K$ e $e^{1,1} = 3,0$
(a) 2,1.
(b) 3,3.
(c) 3,0.
(d) 9,0.
(e) 1,8.
Sugestão de Solução.

Solução em vídeo.

12.21 (Pós UFCE - 2014.1) (Q11)

Um mol gás ideal monoatômico experimenta uma expansão onde seu volume passa a 16 vezes seu volume inicial V_0 e sua temperatura final é metade de sua temperatura inicial T_0. Calcule a variação entrópica do gás. Considere a constante universal dos gases como sendo R.
(a) $\frac{5}{2} R \ln 2$.
(b) $-(\frac{5}{2}) R \ln 2$.
(c) $(\frac{5}{4}) R \ln 2$.
(d) $-(\frac{5}{4}) R \ln 2$.
Sugestão de Solução.

Solução em vídeo.

12.22 (Pós UFCE - 2014.2) (Q04)

Um sistema termodinâmico, inicialmente a temperatura absoluta T_1, possui uma massa m de água com uma capacidade calorífica c. Calor é adicionado até a temperatura atingir T_2. A mudança na entropia da água é.
(a) 0.
(b) $T_2 - T_1$.
(c) mcT_1.
(d) $mc(T_2 - T_1)$.
(e) $mc\ln(T_2/T_1)$.

12.23 (Pós UFCE - 2015.1) (Q10)

A Figura mostra um ciclo de uma máquina de Stirling. Considere n moles de um gás monoatômico ideal que atravessa uma vez o ciclo, constituído de dois processos! isotérmicos às temperaturas $3T_i$ e T_i e dois a volume constante. Determine em termos de n, R, e T_i o calor envolvido no processo.
(a) $2nRT_i ln2$ recebido pelo gás.
(b) $2nRT_i \ln 2$ cedido pelo gás.
(c) $2nRT_i \ln(1/2)$ recebido pelo gás.
(d) $2nRT_i \ln(1/2)$ cedido pelo gás.
(e) $2nRT_i$ recebido pelo gás.

Figura 12.23 — Gráfico $P - V$.

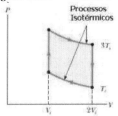

Fonte: UFCE (2015.1).

Sugestão de Solução.

12. LEIS DA TERMODINÂMICA

Solução em vídeo.

12.24 (Pós UFCE - 2015.2) (Q15)

Dois moles de um gás ideal monoatômico inicialmente a $T = 400\ K$ e $V = 40\ litros$ sofrem uma expansão livre até atingir duas vezes seu volume inicial. Qual a variação da entropia do gás e do universo?

(a) $0, 0$.
(b) $11,5\frac{J}{K}$, $-11,5\ J/K$.
(c) $-11,5\frac{J}{K}$, $11,5\ J/K$.
(d) $-11,5\frac{J}{K}$, $-11,5\ J/K$.
(e) $11,5\frac{J}{K}$, $11,5\ J/K$.

12.25 (Pós UFCE - 2016.1) (Q07)

Um mol de um gás ideal está confinado à esquerda de uma caixa de volume $4V$ de paredes adiabáticas o qual é dividido por um diafragma, como mostrado na Figura, ocupando um volume V. Em um dado instante, um pequeno rasgo no diafragma permite que o gás se expanda lentamente até ocupar todo o volume do recipiente. Após atingir o equilíbrio, qual a variação de entropia do sistema?

Figura 12.25 — Ilustração.

Fonte: UFCE (2016.1).

(a) Zero.
(b) $R \ln 2V$.
(c) $2 \ln R$.
(d) $R \ln 2$.
(e) $2R \ln 2$.

12.26 (Pós UFCE - 2016.1) (Q07)

Um motor opera segundo o ciclo representado na figura. O combustível se expande a partir do ponto de menor volume B. A combustão ocorre durante a expansão $B \to C$ que é isobárica. Calcule a eficiência deste motor.

(a) $1 - \dfrac{1}{\gamma}\dfrac{(T_D - T_A)}{(T_C - T_B)}$.

(b) $1 - \gamma\dfrac{(T_C - T_B)}{(T_D - T_A)}$.

(c) $1 - \dfrac{(T_D - T_A)}{(T_C - T_B)}$.

(d) $\dfrac{1}{\gamma}\dfrac{(T_D - T_A)}{(T_C - T_B)}$.

(e) $\dfrac{(T_C - T_B)}{(T_D - T_A)}$.

Figura 12.26 — Gráfico $P - V$.

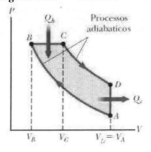

Fonte: UFCE (2016.1).

12.27 (Pós UFCE – 2016.1) (Q09)

Um mol de gás ideal monoatômico ocupando um volume de 2 l é mantido a 23,8 °C a uma pressão de 5 kPa. Calcule a entalpia do sistema, a menos de uma constante, sabendo que $R = 8,31\ J\ mol^{-1}\ K^{-1}$.

(a) 3700 J.
b) 3690 J.
(c) 3780 J.
(d) 3710 J.
(e) 3630 J.

12.28 (Pós UFCE – 2016.2) (Q13)

Um quilograma de água a uma temperatura de 0 ℃ é colocado em contato com um banho térmico a 20 ℃. As variações da entropia da água, do banho térmico e do sistema combinado são, em valores aproximados (use aproximações com duas casas decimais para obter suas respostas), respectivamente:

(a) 292,60 J/K, -285,32 J/K e 7,28 J/K.
(b) 235,50 J/K, -215,60 J/K e 19,90 J/K.
(c) 312,43 J/K, -299,15 J/K e 13,28 J/K.
(d) 257,17 J/K, -241,45 J/K e 15,72 J/K.
(e) 212,07 J/K, -201,06 J/K e 11,01 J/K.

12.29 (Pós UFCE – 2017.1) (Q7)

Ache a variação de entropia ΔS de n moles de um gás ideal monoatômico que ocupam um volume V_1 e expandem até o volume V_2 a pressão constante.

(a) $\Delta S = \frac{3}{2}nR \ln \frac{V_2}{V_1}$.
(b) $\Delta S = \frac{5}{2}nR \ln \frac{V_2}{V_1}$.
(c) $\Delta S = \frac{7}{2}nR \ln \frac{V_1}{V_2}$.

(d) $\Delta S = \frac{3}{2}nR \ln \frac{V_1}{V_2}$.
(e) $\Delta S = \frac{7}{2}nR \ln \frac{V_2}{V_1}$.

Sugestão de Solução.

Solução em vídeo.

12.30 (Pós UFCE - 2017.1) (Q8)

Uma máquina de Carnot extrai 250 J de uma fonte quente e libera 100 J para uma fonte fria a 15 °C em um ciclo. A temperatura da fonte quente é:

(a) 240 K.
(b) 360 K.
(c) 500 K.
(d) 720 K.
(e) 1000 K.

12.31 (Pós UFCE - 2017.2) (Q15)

Em Termodinâmica, para se passar da representação de energia para a de entropia, utiliza-se uma:

(a) transformada de Fourier.
(b) transformação de Legendre.
(c) transformada de Laplace.
(d) transformação de Hermite.
(e) transformação de Laguerre.

12.32 (Pós UFCE - 2017.2) (Q16)

Sejam S a entropia, μ o potencial químico, V o volume, T a temperatura, N o número de partículas que compõem o sistema e P a pressão. As relações de Maxwell

$$\left(\frac{\partial T}{\partial P}\right)_{S,N} = \left(\frac{\partial V}{\partial S}\right)_{P,N},$$

e

$$\left(\frac{\partial V}{\partial S}\right)_{P,N} = \left(\frac{\partial T}{\partial N}\right)_{S,P} = \left(\frac{\partial \mu}{\partial S}\right)_{P,N}$$

$$\left(\frac{\partial V}{\partial N}\right)_{S,P} = \left(\frac{\partial \mu}{\partial P}\right)_{S,N}$$

aparecem quando usa-se uma representação da Termodinâmica em que o potencial termodinâmico utilizado é :
(a) Energia Livre de Gibbs.
(b) Energia Livre de Helmholtz.
(c) Entropia.
(d) Entalpia.
(e) Potencial Grã-Canônico.

12.33 (Pós UFCE - 2017.2B) (Q10)

A Figura mostra um ciclo de uma máquina de Stirling. Considere n moles de um gás monoatômico ideal que atravessa uma vez o ciclo, constituído de dois processos isotérmicos às temperaturas $3Ti$ e Ti e dois a volume constante. Determine em termos de n, R, e Ti o calor envolvido no processo.
(a) $2nRTi \ln 2$ cedido pelo gás.
(b) $2nRTTi \ln \frac{1}{2}$ recebido pelo gás.
(c) $2nRTi \ln \frac{1}{2}$ cedido pelo gás.
(d) $2nRTi$ recebido pelo gás.
(e) $2nRTi \ln 2$ recebido pelo gás.

Figura 12.33 — Gráfico $P - V$.

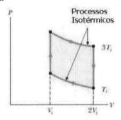

Fonte: UFCE (2017.2).

12.34 (Pós UFCE - 2017.2B) (Q10)

Um sistema termodinâmico, inicialmente a temperatura absoluta T_1, possui uma massa m de água com uma capacidade calorífica c. Calor é adicionado até a temperatura atingir T_2. A mudança na entropia da água é:
(a) $mc \ln(T_2/T_1)$.
(b) $mc \ln(T_1/T_2)$.
(c) $mc(T_1 - T_2)$.
(d) $mc(T_2 - T_1)$.
(e) 0.

12.35 (Pós UFG - 2018.2) (Q14)

Um inventor diz ter construído um dispositivo que absorve 2500 Btus de calor e produz 2000 Btus de trabalho. Se o dissipador de calor do dispositivo for água gelada a 0ºC, a temperatura da fonte quente do sistema será da ordem de:
(a) 0 K.
(b) 10 K.
(c) 100 K.
(d) 1000 K.
(e) 10000 K

12.36 (Pós UFG - 2018.2) (Q15)

Uma máquina de Carnot tem um ciclo conforme a figura abaixo. Sobre este ciclo podemos afirmar que:

Figura 12.36 — Gráfico $P - V$.

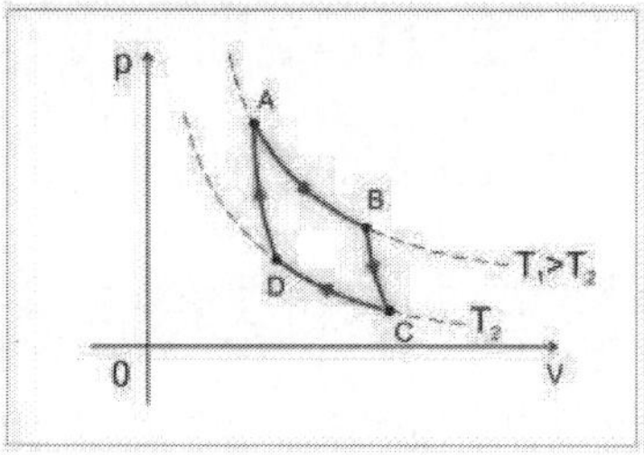

Fonte: UFG (2018.2).

(a) AB e CD são isotermas; BC e DA representam os passos onde o trabalho é extraído.
(b) BC e DA são isotermas; AB e CD representam os passos onde o trabalho é extraído.
(c) AB e CD são adiabatas; BC e DA representam os passos onde o trabalho é fornecido.
(d) BC e DA são adiabatas; AB e CD representam os passos onde o trabalho é fornecid.
(e) AB e CD são isotermas; CD e DA representam os passos onde o trabalho é fornecido.

12.37 (Pós UFG - 2019.1) (Q3)

Uma amostra de 100 g de ar, que se pode considerar um gás diatômico perfeito, encontra-se à uma pressão constante à temperatura de 20 °C. O gás é comprimido a pressão constante até seu volume chegar a 95% do volume inicial. Quais são a temperatura final do sistema, o calor transferido e o trabalho realizado? (Dados: $= 1005 \ JK^{-1}kg^{-1}$ e $R = 8,314 \ JK^{-1}mol^{-1}$)
(a) $T = 278 \ K$, $Q = -1507,5 \ J$ e $W = 0,12 \ J$.

(b) $T = 278\ K$, $Q = 1507,5\ J$ e $W = -0,12\ J$.
(c) $T = 292\ K$, $Q = -1507,5\ J$ e $W = -0,12\ J$.
(d) $T = 278\ K$, $Q = 1507,5\ J$ e $W = 0,12\ J$.
(e) $T = 292\ K$, $Q = -1507,5\ J$ e $W = 0$.

12.38 (Pós UFG - 2020.1) (Q20)

Em um ambiente termicamente isolado, um bloco de massa m, calor específico c e que estava a uma temperatura inicial T_f é colocado em contato térmico com um bloco de massa $2m$, feito do mesmo material, e que estava inicialmente a uma temperatura T_q. Após o equilíbrio térmico ser atingido, a variação da entropia do sistema durante o processo termodinâmico foi:

(a) $S = mc\left[\ln\left(\frac{T_q+T_f}{2T_f}\right) + 2\ln\left(\frac{T_q+T_f}{2T_q}\right)\right]$.
(b) $S = mc\left[\ln\left(\frac{2T_q+T_f}{3T_f}\right) + 2\ln\left(\frac{2T_q+T_f}{3T_q}\right)\right]$.
(c) $S = mc\ln\left(\frac{T_q+T_f}{2T_f}\right)$.
(d) $S = mc\ln\left(\frac{T_q+T_f}{3T_f}\right)$.
(e) $S = 0$.

12.39 (Pós UFRJ - 2017) (Q8)

Dois blocos metálicos, o primeiro a temperatura T_0 e o segundo a temperatura $2T_0$, são colocados em contato um com outro até atingirem o equilíbrio térmico. Os blocos têm a mesma capacidade térmica C. A variação da entropia do sistema de blocos ($\Delta S = S_{final} - S_{inicial}$) é
(a) $\Delta S = C\ln\left(\frac{9}{8}\right)$.
(b) $\Delta S = C\ln\left(\frac{2}{3}\right)$.
(c) $\Delta S = \frac{C}{4}$.
(d) $\Delta S = 0$.

12.40 (Pós UFRJ – 2018) (Q9)

Os diagramas abaixo representam as trocas de energia em diferentes máquinas térmicas imaginadas por um inventor. Para um ciclo de cada uma dessas máquinas, Q_1 é o calor cedido por um reservatório térmico 'quente' a temperatura 600 K, Q_2 é o calor recebido por um reservatório 'frio' a 300 K e W é o trabalho realizado pela máquina. Todas as energias estão dadas em Joules. Qual das máquinas pode realmente ser construída?

a) 600 K, $Q_1 = 400$ J, $W = 300$ J, $Q_2 = 200$ J, 300 K

b) 600 K, $Q_1 = 400$ J, $W = 400$ J, $Q_2 = 0$ J, 300 K

c) 600 K, $Q_1 = 400$ J, $W = 300$ J, $Q_2 = 100$ J, 300 K

d) 600 K, $Q_1 = 400$ J, $W = 100$ J, $Q_2 = 300$ J, 300 K

12.41 (Pós UFRJ – 2018) (Q11)

Um recipiente de paredes adiabáticas e rígidas é dividido em duas câmaras de mesmo volume. Um gás ideal é colocado em uma das câmaras e na outra é feito vácuo. A divisão entre as câmaras é então retirada e o gás preenche uniformemente o recipiente conforme mostrado na figura abaixo (o gás está representado em cinza).

Se $\Delta E = E_{final} - E_{inicial}$ e $\Delta S = S_{final} - S_{inicial}$ são, respectivamente, as variações da energia interna e da entropia do gás no processo de expansão, podemos afirmar que
(a) $\Delta E = 0$ e $\Delta S = 0$.
(b) $\Delta E = 0$ e $\Delta S > 0$.
(c) $\Delta E > 0$ e $\Delta S = 0$.
(d) $\Delta E > 0$ e $\Delta S > 0$.

GABARITOS

9.1	9.2	9.3	9.4	9.5	9.6	9.7	9.8	9.9	9.10
nula	c	a	b	e	d	d	b	b	c
9.11	9.12	9.13	9.14	9.15	9.16	9.17	9.18	9.19	9.20
c	e	d	d	a	d	c	a	a	a
9.21	9.22	9.23	9.24	9.25	9.26	9.27	9.28	9.29	9.30
a	a	c	c	d	c	b	c	d	d
9.31	9.32								
d	d								
10.1	10.2	10.3	10.4	10.5	10.6	10.7	10.8	10.9	10.10
a	b	c	–	c	b	–	d	a	a
10.11	10.12	10.13	10.14	10.15	10.16	10.17	10.18	10.19	10.20
b	b	a	e	c	a	nula	d	nula	b
10.21	10.22	10.23	10.24	10.25	10.26	10.27	10.28	10.29	10.30
d	a	d	c	d	a	c	d	c	b
10.31	10.32	10.33	10.34	10.35	10.36	10.37	10.38	10.39	10.40
b	d	c	a	b	c	d	b	b	b
10.41	10.42	10.43	10.44	10.45	10.46	10.47	10.48	10.49	10.50
e	b	e	a	c	V...	a	b	d	b
10.51	10.52	10.53	10.54	10.55	10.56				
d	d	c	b	a	b				
11.1	11.2	11.3	11.4	11.5	11.6	11.7	11.8	11.9	11.10
c	b	c	a	a	b	a	d	a	c

GABARITOS

11.11	11.12	11.13	11.14	11.15	11.16	11.17	11.18	11.19	11.20
c	a	e	b	d	b	d	b	144g	c
11.21	11.22	11.23	11.24	11.25	11.26	11.27	11.28	11.29	11.30
b	b	b	b	d	b	b	a	a	c
11.31	11.32	11.33	11.34	11.35	11.36	11.37	11.38	11.39	11.40
b	b	b	c	b	d	a	d	c	b
11.41	11.42	11.43	11.44	11.45	11.46	11.47	11.48	11.49	11.50
d	b	d	b	a	c	a	c	a	b
11.51	11.52	11.53	11.54	11.55	11.56	11.57	11.58	11.59	11.60
d	a	16,69	–	a	d	b	a	b	d
11.61	11.62	11.63	11.64	11.65	11.66	11.67	11.68	11.69	11.70
d	e	b	d	–	c	d	d	c	c
11.71	11.72	11.73	11.74	11.75	11.76	11.77	11.78	11.79	11.80
a	a	b	e	e	c	d	c	a	e
11.81	11.82	11.83	11.84	11.85	11.86	11.87	11.88	11.89	11.90
b	b	c	c	c	b	c	d	c	E;E;C
11.91	11.92	11.93	11.94	11.95	11.96	11.97	11.98	11.99	11.100
–	e	a	d	d	e	a	b	c	c
12.1	12.2	12.3	12.4	12.5	12.6	12.7	12.8	12.9	12.10
–	d	e	a	b	b	d	d	d	b
12.11	12.12	12.13	12.14	12.15	12.16	12.17	12.18	12.19	12.20
e	a	d	c	b	d	c	c	a	d
12.21	12.22	12.23	12.24	12.25	12.26	12.27	12.28	12.29	12.30
a	e	a	e	e	a	d	a	b	d
12.31	12.32	12.33	12.34	12.35	12.36	12.37	12.38	12.39	12.40
b	d	e	a	d	e	a	b	a	d
12.41									
b									

BIBLIOGRAFIA

OLIVEIRA, A. Nunes de; SIQUEIRA, Marcos Cirineu Aguiar. **Física Para Universidades e Concursos**: Termodinâmica. – São Paulo: Livraria da Física, 2022.